After The First Six Weeks

新手家长轻松育儿百科

(出生6周后)

[澳] 凯瑟琳·柯廷 / 著
高晶 / 译

中国友谊出版公司

目录

第一部分 新手家长上路了

第一章　居家安全很重要　　　　　　　　003
第二章　婴儿的日常护理　　　　　　　　015
第三章　小婴儿的健康最重要　　　　　　036
第四章　培养和宝宝的沟通要趁早　　　　054
第五章　照顾好宝宝，先照顾好自己　　　068

第二部分 出生六周后

第六章　　出生七至八周　　　　　　　　083
第七章　　出生第二至四月　　　　　　　104
第八章　　出生第四至六月　　　　　　　115
第九章　　出生第六至八月　　　　　　　131
第十章　　出生第八至十月　　　　　　　142
第十一章　出生第十月至一岁　　　　　　154

第一部分

新手家长上路了

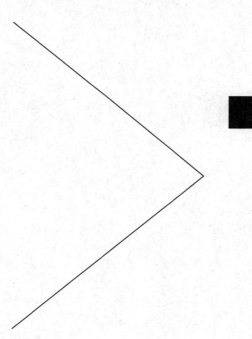

第一章

居家安全很重要

照看婴儿需要家长寸步不离。很多受伤事故常发生在家里,而且年幼的孩子最危险。幼童最常见的受伤原因有烧伤、手指夹伤、跌倒、中毒和溺水,其中大部分事故都是可以提前预知并加以预防的。

留心注意婴儿年幼的哥哥姐姐

> 幼儿抱着小婴儿时家长要格外小心,因为他们无法将注意力集中很长时间。我曾经见过一个蹒跚学步的幼童把婴儿掉到地上后就径直走开了。这就是幼童的思维方式,因为他们现阶段只能考虑到自己。他们并无恶意,所以不要斥责孩子。如果家里年幼的哥哥

> 姐姐想要帮忙抱婴儿的话,家长可以跟他(她)坐在一起帮他(她)抱起小宝宝,过几分钟后告诉他(她)今天到此为止。给幼童设定一些界限,告诉他(她)何时应该开始,何时应该结束。

宝宝4周大时我带他去见了我的闺蜜以及她家的几个孩子。因为楼下有好几个两三岁的幼童,我不想他们打搅小乔治,所以便把他放到楼上去睡觉了。在我们正吃午饭的档口,3岁的莉莉居然把乔治抱了过来!时至今日我都不清楚莉莉到底如何把他抱出婴儿床并带到楼下的,也许是因为我怕知道了觉得后怕所以自欺欺人吧。自此之后,只要身边有其他小孩在场,我就会格外留心注意小乔治。

萨 拉

掌握基本的急救知识很重要

我认为所有婴幼儿的家长都应该学习急救课程。希望你们永远都用不到它,但是如果遇到危急的情况,这些急救知识和技巧就能立即派上用场。有些公司专门为新手父母提供了儿科复苏方面的急救训练。你要调查研究一下培训讲师是否具有医学背景，然后，最好在你家头胎孩子出生前就参加急救培训。

家长要在家里和汽车上各放一个装满药品的急救箱，但要确保将二者放在儿童接触不到的地方。我建议那些曾经参加过急救课程的家长在孩子出生前再做一次课程复习。因为我们的遗忘速度很快，你永远不知道何时需要用到这些急救知识！

如何排除家中可能存在的安全隐患

我记得自己读大学时，有位专授母婴健康专业课的老师告诉我们，要想排除家中的儿童安全隐患，最好的办法就是手膝并用地趴在地上四处爬一爬，以婴儿的视觉高度进行排查。我当时涉世未深而且尚无子女，所以认为这个办法非常愚蠢。等有了儿子以后，我才茅塞顿开，明白了老师当年的用意。于是，我跪在地上手膝并用地到处爬，为会动的宝宝仔细排查了各种潜在危险。所以，现在我提倡所有新手父母都能手膝并用地爬一爬，一起排除家里的安全隐患！

婴儿能把任何物件塞进嘴里——硬币、电池、小玩具、小块食物，甚至掉落在地上的一块绒毛都可能造成窒息危险。此外，家长还要注意窗帘和百叶窗的拉绳是否能接触到地面（可能会套住婴儿脖颈）和宠物喂食碗（婴儿可能会认为宠物食品看起来很诱人）。婴儿可能会从出生第15周开始在地上翻滚，所以最好提前做好准备，防患于未然！比如，婴儿可能会被橱柜抽屉和门缝夹住手指、被坚果和其他硬质食物噎住、因为塑料袋甚至婴儿床上的床单或羽绒被而造成窒息、因为未上锁的柜中存放的清洁产品而中毒、被动物咬伤,还可能在无人看管的情况下在游泳池附近溺水。如果你家有楼梯,请在楼梯顶部和底部都装上婴儿楼梯安全门。

婴儿房的布置

居家安全始于安全的睡眠环境。更换尿布的桌子和婴儿床附近一定不能有婴儿能够伸手抓到的长窗帘或百叶窗,因为窗帘拉绳可能会勒住婴幼儿颈部。

家长要确保更换尿布时伸手就能拿到所有必需的物品,这样就不必把婴儿单独一人留在桌上了。即使婴儿还未出生,家长就得事先在更换尿布的桌子抽屉里妥善放好所有的尿布、棉球、可生物降解的婴儿湿巾、婴儿连体服、套装、各种乳液和爽身粉。

给婴儿更换尿布时,千万不要让他玩弄管装乳液。我见过很多妈妈为了不让小婴儿闲着,便将管装护臀膏递给孩子玩,他很容易咬住管体吞下里面的乳霜。给宝宝换尿布时,你可以在他身旁放个拨浪鼓或其他玩具,因为随着婴儿一天天长大,他就会在换尿布时开始乱动、来回翻滚、蠕动身体并发出抗议,这时候,小玩具便能派上用场让他安静下来。

切勿将婴儿单独留在更换尿布的桌上,一秒钟也不可以。婴儿可能会在你转身或弯腰从地上捡东西的时候扭动身体然后从桌上掉下来！我知道这听起来很荒谬，但他们确实能这样做。如果你的目光不在婴儿身上，就得把手放在婴儿身上。我听过很多家长说："我只转身一两秒的工夫……"不要冒这种险。如果你得转身，先用手按住婴儿的腿再开始忙别的，但是如果你要离开房间，千万别让婴儿单独待在大床或更换尿布的桌上，要么随身抱着他，要么就把他放在地上或婴儿床里。

为了确保婴儿的安全，婴儿床必须符合国家安全认证标准。如果你的婴儿床是从朋友那里暂借的，我建议你新买一张尺寸贴合床架的结实床垫。尺寸不合适的床垫很危险，婴儿可能会因为垫子和床架之间的缝隙而滑倒。

测试一下夜灯和台灯，但要记住，不必让婴儿房通宵亮灯。

家长要确保所有的电源口都时刻覆盖着防触电保护盖，以防会动的孩子将任何东西插入插座内。

婴儿的睡眠安全

> 红鼻子[1]推出了一套睡眠安全指南，旨在减少澳大利亚境内婴儿的致命睡眠事故。该机构建议所有家长都要遵守以下准则：
>
> ·出生起就让婴儿保持仰卧睡姿而非俯卧或侧卧睡姿。

---

1. 红鼻子是澳大利亚的一个慈善机构，旨在根除婴儿猝死综合征（SIDS）。——译者注

- 睡觉时不宜让寝具、枕头或玩具遮住婴儿头部和脸部。
- 让婴儿出生前和出生后都一直处于无烟环境中。
- 为婴儿提供安全的睡眠环境，给他使用安全的床具和寝具：不宜在婴儿床上放置棉被、羽绒被或枕头。
- 婴儿出生6~12个月里，让他和家长同处一室并安全地睡在自己的小床上。
- 尽量母乳喂养。

洗手间的布置

等宝宝会动后，你就可能去洗手间也要带着他了！当你一人在家照顾孩子，你要上厕所或者洗澡时，需把孩子放在安全的地方，比如他的小床上，或者如果你家有游戏围栏的话，也可以把孩子放在围栏里。你只需让宝宝独处几分钟，用不了很长时间，而且你应该好好洗个舒服澡！

现如今，大多数家用洗手间都备有免洗手消毒液，通常还会装在放尿布的妈咪包里。我看到家长们用它给婴幼儿的手消毒，有些幼儿甚至自己就能把消毒剂"挤"到手上！我很赞成父母仔细防范交叉感染，但却觉得这种做法有些太过偏激了。免洗手消毒液含有60%~95%的乙醇或异丙醇，如果不慎入口可能会对幼儿造成致命伤害。它还会导致眼睛疼痛，因为婴幼儿可能会在消毒剂未干前就用手揉搓眼睛，造成眼部刺激和不适。父母应该严格保管好消毒剂，以防小孩受到轻微或严重的伤害。在家用洗手间里，老式肥皂和清水完全可以媲美任何一款消毒液的清洁效果。出门在外时，更安全可取的办法是用无香型婴儿湿巾给婴幼儿擦手擦脸。

你要在孩子出生前就做好准备，用安全童锁将卫生间橱柜里的危险用具和洗漱用品牢牢锁住，防止孩子触碰。现在市面上有很多商品可供选择，不但价格便宜，还易于安装。

需要锁起来的物品包括：

- 药品、药片、乳液、乳霜、化妆品、香水和洗涤剂；
- 剪刀、剃须刀片、镊子、牙刷、吹风机、剃刀和加热器；
- 洗手液和免洗手消毒液。

即使少量的水也能造成儿童溺水，所以一定要时刻盖好马桶盖。家长要试着用小婴儿的高度视角在家里走一圈。

在大澡盆里给婴儿洗澡时，为了防止他滑倒，你可以在他身下放一个防滑垫。婴儿喜欢在浴缸里跳来跳去、四处乱挪，所以你必须一直抓住他。千万不要让婴儿或幼童单独待在澡盆里，因为意外随时会发生，而且迅雷不及掩耳。

客厅的布置

切记要将电视放置妥当，最好用螺栓固定在墙上，因为婴幼儿意识不到扒倒电视砸在自己身上的危险。家长要将客厅里所有的橱柜、抽屉和婴儿可以拉开的任何家具都装上儿童安全锁，同时拿走桌上和橱柜顶部放置的花瓶之类的一切物品。

厨房的布置

厨房是个危险的地方，对小孩子来说真的不安全。家长最好随时准备一条灭火毯，以防炉灶临时起火，并在所有橱柜和抽屉上装好儿童安全锁。如果你有朋友来家里吃饭或喝下午茶，尽量不要铺桌布，因为婴儿可能会拉扯桌布，然后把热饮和碗碟随着桌布弄到自己身上导致受伤或严重烫伤。

在你喝热饮时，最好把婴儿放在婴儿推车或婴儿床上，或者将他临时交给别人照看。婴儿看到咖啡杯或茶杯时，很可能会出于本能用力一把抓住它，然后往自己身边扯。还没等你反应过来，小婴儿可能就已经把热饮泼洒到自己身上了。烫伤属于严重的热烧伤，是可以避免的。

等你的宝宝长到可以坐高脚椅时，请选购印有国家安全标准认证的产品。每次婴儿坐高脚椅时，都要用内置安全带将他绑好——他不仅能慢慢习惯使用安全带，而且最终一坐上高脚椅就会希望你给他系好安全带。如果你从一开始就这样做，你和宝宝都能形成自觉系安全带的习惯。但是如果你需要离开房间的话，别指望高脚椅能保证婴儿的安全，因为我见过很多婴儿用力摇晃高脚椅然后弄翻受伤的情况！

汽车里的布置

如果让婴幼儿待在闷热的汽车里，汽车座椅也很热，会导致孩子的体温迅速上升。在阳光灼热的日子，请把孩子带出家门前先开启汽车的空调制冷至少5分钟。根据澳大利亚维多利亚省儿童安全组织[1]的说法："在澳大利亚的夏天，静止汽车内的温度比外界温度可能要高20℃~30℃。在室外温度为29℃的天气里，车内温度可在10分钟内达到44℃，并在20分钟内达到足以致命的60℃。把车窗打开几厘米的缝隙根本无法起到降温作用。"

切勿让孩子独自一人留在车内，即使你只是跑回家去拿落下的东西或是冲进服务站付加油费也不可以。举个例子来说，我们知道有些偷车的窃贼会趁机跳上汽车将其开走，而此时孩子还在后座上。我姐姐家就发生过此类事件，所以我非常清楚这种情况绝非偶然。

---

1. 澳大利亚儿童事故预防基金会（Child Accident Prevention Foundation of Australia，CAPFA）是一家1979年成立的非营利性非政府组织，致力于保护儿童免受意外伤害。——译者注

倒车是儿童意外致死的最大元凶之一。即使你的汽车装有可以显示车后情况的倒车摄像头也并非万无一失，所以你在倒车离开车库或车道前，一定要确认孩子们是否在车里，或者安全地待在家中，并且有大人在旁边照看着。

如何选择安全座椅

出院时，法律规定家长要将婴儿放在安全、尺寸合适且经过安全标准认证的后向汽车安全座椅中。通过了安全认证的婴儿汽车安全座椅都贴有标签，以此证明其符合相关安全标准。

切勿让你的孩子站在汽车后座上或坐在任何人的腿上，这两种做法既危险又违法。

如何选择安全推车

要确保你所购买的婴儿推车符合国家安全认证标准，并且配有可将婴儿安全固定的结实安全带。你可以购买可转向的婴儿推车，然后根据婴儿的年龄和发育阶段调整推车朝向。可以在商店里试试不同类型的婴儿车——婴儿车应该适合你的高度，这样你就可以舒适地推着它散步，而且还有足够空间可以放置妈咪包和几件刚买的商品。同时，还要确保你能轻松快速地把它从汽车里搬进搬出。

为何不该覆盖婴儿车？

请勿用薄纱巾盖住婴儿推车。宝宝需要看到你的脸庞并且环顾四周。将婴儿车盖起来只会令婴儿与外界隔绝，并不能帮助他入睡。

盖在薄纱巾底下还会造成闷热不透气的感觉。有时我甚至看到家长在婴儿车上盖毯子。在澳大利亚，我们会想尽办法让婴儿免受阳光直射，但是瑞典有研究表明盖住婴儿推车会导致车内温度升高22℃。用薄纱巾将婴儿车盖住30分钟，车内温度会升至34℃。覆盖1小时后，车内温度升至37℃。你能想象如果这项测试是在澳大利亚的高温天气下进行的，婴儿车内的温度会升至多少度吗？这将使婴儿面临更大的中暑风险和其他健康风险，比如婴儿猝死综合征等。

因此，在你外出散步时，请让婴儿在推车内好好玩耍并且呼吸新鲜的空气。如果婴儿此时还比较幼小只能躺在婴儿车里，就让他面朝着你，然后跟他好好说说话。

防晒霜的选择

婴儿的皮肤不同于成人皮肤,在表皮之下非常娇嫩敏感。大多数防晒霜都**不**建议 6 个月以下的婴儿使用,因为他们的皮肤可能会吸收更多的化学物质,而且婴儿还经常会对防晒霜过敏。鉴于宝宝的皮肤非常敏感,最好让他在生命之初的几个月都待在室内。对于年龄稍大的儿童,可以每两小时在其暴露在外的皮肤上厚厚地涂抹一层防晒指数为 50+ 的防晒乳液(不要使用喷雾型防晒霜)。特别要注意颈后、耳朵、脸部、双腿、双脚甚至脚底防晒。每次孩子着水后要先用毛巾擦干皮肤,再重新涂抹一层防晒乳。要格外注意的是,切勿把防晒霜留在汽车里,因为车内的高温会使防晒霜里的化学物质失效。

第二章

婴儿的日常护理

你的宝宝需要你,而且你要花很多时间来给他喂奶、换尿布,还要盯着他仔细观察。许多妈妈都说她们对全天候照顾婴儿的工作感到猝不及防。任何人都不可能为早期育儿做足准备。我们所能做的就是为初为人父人母的家长朋友们扩大育儿服务的阵容。他们既需要来自妇幼保健护士的支持,进而在婴儿健康和生长发育方面得到指导和教育,同时也需要得到家人朋友的帮助。

婴儿喂养有心得

不论婴儿出生时身形有多大,所有婴儿出生后都非常饥饿,需要吃奶。你不会把婴儿喂撑,但却可能让他**吃不饱**。我见过太多营养不良并被诊断为绞痛、胃液反流及过敏症的婴儿,专业医务人员告诉孩子母亲说她们"错误限制了婴儿的食量"。这些婴儿都太饿了。你一定要确保给宝宝喝足够多的奶水。

因为我认为自己把宝宝喂养得很好,所以满心欢喜地去看了妇幼保健护士,而且还为自己的宝宝感到非常自豪。我家孩子通过纯母乳喂养已经长到 8 周大了,晚上 10 点洗完澡能一觉睡 6 个小时,我的状态也很好。她一周之内重了 300 克,但是妇幼保健护士却告诉我:"你给宝宝喂太多了,需要给她减少喂食量。"我简直要崩溃了,当即认为自己不是称职的妈妈。一路哭着回家后还是丈夫提醒我说宝宝能吃能睡就说明她很健康。现在回过头来看,那个护士当时说的话真的很愚蠢,但是作为新手妈妈,我确实感到非常脆弱,本以为护士会夸赞我把宝宝养得很好而且孩子的睡眠质量也很好呢。

安 妮

回溯到产妇需要住院 10~14 天的那段岁月,助产士们明白并且信任产妇身体的变化过程,因为妈妈们在产后第三天、第四天和第五天自然都能慢慢开奶。困倦的小婴儿一整夜都能喝到配方奶,妈妈们也可以好好休息进行产后恢复。我们从不让婴儿饿到尖叫,因为我们会一边等着产妇开奶一边先把婴儿喂饱。那时的婴儿很少会像现在这样失去 1/10 的出生体重,而且他们也不会饿得哭嚎不止。我们会和新手妈妈一起攀谈几个小时,教会她们如何哺乳,而且也不着急催她们出院回家。

现如今，助产士们都接受过良好的训练，而且都满怀善意，但可惜的是，她们只能在产妇住院期间为其提供3~4天的产后护理。她们的建议在住院那几天是恰当的，但是随着婴儿不断成长，逐渐从休眠状态中清醒，他们的吃奶和睡眠模式会随之发生变化，这些建议就不再适用了。相信我，4~8周大的婴儿与1~3周大的婴儿是迥然不同的。为了顺利实现长期母乳喂养这一目标，我们必须在婴儿出生前几周就教会新手妈妈们，并让她们有信心继续哺乳。新手家长往往会回顾他们住院那几天从助产士那里学到的育儿技巧，然后继续延用这种方式来照顾孩子。我经常能见到家长们这样做。

比如，产后病房里出生前几天的婴儿通常会非常困倦。许多助产士便鼓励父母让小婴儿在吃奶时保持清醒，同时让他们充分吮吸乳房：她们建议家长解开婴儿的衣服和尿布，让孩子觉得身上很冷，轻弹他的脚趾，往他脸上吹气，在他身上放一条凉毛巾。

大自然根本不想让婴儿吃奶时受冻害怕。这样做完全没有道理。我觉得助产士居然告诉新手家长要给婴儿摘掉裹布、脱掉衣服，要让他们感受寒冷不适才能好好吃奶的做法简直太疯狂了！当我向这些父母介绍替代方法时，他们都告诉我说他们虽然也觉得这些做法毫无道理，但是有专业医务人士告诉他们要这样做就肯定正确无疑。如果你是独自待在医院的新手父母，本身情感上就很脆弱，这时再有专业医务人士告诉你要给婴儿脱下衣服，吹他的脸，轻弹他的脚，进而让他乖乖吃奶，你肯定也会认为自己正在做正确的事，而且往往会依样照做。

　　在所有接受护理的病人中，新手家长是最容易妥协的人，因为他们往往关心则乱，即使直觉告诉他们不要这样做，通常也不会反其道而行。我在自己的私人咨询诊所遇到过一位妈妈，她家两周大的宝宝整晚都不肯乖乖睡觉。她来就诊时，孩子只穿着一件小背心和一件轻薄的短袖连体服，身上也没包着裹布。我向这位妈妈解释说最好给孩子穿好衣服并且包上裹布，这样不仅可以为她保暖，还能给她带来更多的安全感。

　　我们这样做之后，宝宝吃完双侧乳房就睡着了。那位妈妈说她从未见宝宝这样乖过。其间，她经历了太多的泪水、羞愧、悲伤和挫折。她对我说虽然自己知道什么才是正确的做法，但依然相信了医院里学到的那套。自从这个小宝宝穿上了衣服包好了裹布，她便能乖乖喝奶了，而且一直母乳喂养到 12 个月大。

分娩前了解更多选择的重要性

　　我们都听说过分娩计划，家长都想按照自己的意愿来选择分娩方式，然而，在许多情况下，往往可能会事与愿违。同样的，新生儿的哺乳方式通常也都不能尽如人愿。作为拥有 40 年工作经验的护士、助产士兼妇幼保健护士，我经常要安慰并建议那些因为母乳喂养而受挫的家长们。有些妈妈一切都能进展得非常顺利，新生宝宝出生几分钟后就能从她们的乳房中吸出乳汁。

但是对于其他妈妈来说，则会遇到开奶慢、乳腺炎或是乳头酸痛皲裂、宝宝不会正确含接乳头，以及除此之外的很多其他状况。不少妈妈会惊讶地发现，母乳喂养其实并不总是那么简单。

我总会告诉那些新手父母要有思想准备去做出更多的选择。比如，如果你的宝宝早产或生病了该怎么办？如果你的宝宝因为饥饿而造成体重减轻或是哭嚎不止该怎么办？你的宝宝何时需要喝配方奶？为何你得先签署同意书才能让孩子喝到配方奶？

新手父母通过社交媒体、公开发表的文章、家人朋友和育儿书了解到太多互相矛盾的信息。对喂养计划提前知情的目的是要让家长排除所有令人困惑和相互矛盾的建议，等他们来医院时能做到有备无患。要你在刚分娩完，睡眠严重不足，可能还要接受药物治疗并且伤口疼痛的情况下做出各种决定都是非常困难的。

在婴儿出生前（妊娠期第 34~36 周）就制订好计划，可以使家长觉得自己具有控制力，并且有能力应对分娩时和分娩后出现不可预知的情况。

如何母乳喂养

婴儿天生具有吮吸和生存的原始意志，要想活下去，他就肯定会吮吸乳汁。此处是关于母乳喂养的内容温习，在《出生前六周》中有更为详细的介绍。

首先，婴儿每次吃奶时我都建议为他包上裹布（参考"凯瑟琳的裹布法"）。为了舒适地哺乳，我建议妈妈遵循下述建议：将婴儿侧面向你横抱在胸前，把他的耳朵贴在你的肘弯处。如果你用左侧乳房哺乳，就把他放在你的左侧臂弯处。让婴儿自己把乳头吸进嘴里，用抱着他的胳膊把他揽到你的乳房前面。

张开你的右手手掌，四指并拢与拇指分开托住乳房：乳头下方放4根手指，乳头上方放拇指，然后轻柔地按压乳房，使乳头朝上，这样婴儿的嘴就能找到乳头了。你不必让婴儿含入全部乳晕。有些妇女的乳晕较大，婴儿不可能把所有乳晕都放在嘴里。这是件非黑即白的事——如果婴儿能从乳头里吸出乳汁，就说明他已经含住乳头了，并且吸吮得很顺利！

不要将母乳挤出来，应该让婴儿来完成这项任务！他就是最棒的吸奶器！不要用手推他，也不要让别人按住他的头强行把他贴在你的乳房前面。别让婴儿反复松口或咬住乳头，因为那样会弄伤你的乳头。

如果你的宝宝12小时内都没排尿，并且体重开始减轻，请给他额外喝些配方奶补充一下能量。这样可以防止婴儿体重减轻，也能让他不再痛苦哭闹，使母婴双方都能感觉良好。别担心，你的乳房会继续充盈奶水，你还能接着分泌乳汁继续哺乳，而且你的宝宝也能增加体重！这么做肯定能行得通。

别给饥饿的婴儿使用安抚奶嘴，因为安抚奶嘴不能为他提供能量，而此时婴儿真正需要的是食物——奶水。

乳房充血和乳头疼痛

如果你的乳房因为充盈乳汁而变得肿胀，任何时候都不要去按摩它们，也不要让别人触碰你的乳房，因为你的乳房发炎了而且还不堪重负。我们可以把泌乳时的乳房比作肿胀受伤的脚踝：你肯定不会去按摩肿胀的脚踝，因为这样做会对组织造成伤害（并且引起疼痛），这个道理也适用于你的乳房。不要去触碰它们。

可以口服抗炎药物帮助消炎，进而治疗乳房疼痛。在乳头上只能涂抹母乳。不要在乳头上涂抹任何乳膏、药水或乳液，因为这样做可能会令感染从乳头波及整个乳房，并且还可能引发乳腺炎。

如果充血乳房里的奶水不够喂饱婴儿，就让宝宝先吸吮一小会儿（每一侧只吸吮 5 分钟），然后在你等待乳房情况好转的过程中给他喝些配方奶。这可能需要几天时间，但你的乳房肯定能好转。届时，你的乳房会变得很柔软，宝宝也能更容易地从乳房中吮出乳汁。**不要**用手或吸奶器将奶水挤出来，这样做只会令乳房变疼变硬，还会增加患上乳腺炎的风险。给身体一些修复时间，然后再让你的宝宝通过吮吸乳房来完成剩下的工作。

你可以将洗净后放入冰箱冻凉的卷心菜叶敷在乳房上，等卷心菜叶变温后扔掉，再换上更多的凉菜叶。可能有很长一段时间你都不想再吃卷心菜了！然后穿上能对乳房起到支撑作用的结实文胸，接着继续服药。

常给婴儿哺乳。不要给 12 个月以下的婴儿喝白水或糖水，只给他们喝母乳和（或）配方奶即可。如果你的宝宝还是很饿，就给他喝一些配方奶。他能更快增加体重，你也能哺乳更长时间。

如果你的乳房严重充血而令乳头变平，可以使用乳头保护罩来延长乳头的长度。等你的乳房恢复形状后，婴儿就可以重新含住乳头吮奶了。

如果你的乳头受损、酸痛和（或）破裂，**不要停止哺乳**。戴上乳头保护罩可以帮助乳头在 24～48 小时内愈合。凝聚在保护罩内的乳汁具有神奇的治疗功效，能迅速治愈乳头。

如何正确奶瓶喂养

有很多原因可以说明为什么有些婴儿需要食用配方奶粉。有些妈妈根本无法哺乳或是出于个人原因不想哺乳，还有些妈妈则因为奶水不足而无法维持宝宝正常增重。早产儿出生后的吮吸反射有限，可能需要在出生早期进行瓶饲，从而确保体重持续良性增长。

我强烈提倡母乳喂养，并且鼓励妈妈们长期哺乳，但是我也尊重每位妈妈做出自己的选择。育儿之道才是重中之重。此外，另一半的付出和其他家庭成员对婴儿的关爱与照顾也很重要，如果母亲不能或不愿哺乳，即便让她感到内疚也是徒劳无果的。

没有科学证据表明婴儿用奶瓶喝奶后就会拒绝接受哺乳，而且让婴儿用奶瓶喝奶也不会产生乳头混淆或是影响母亲的产奶量。

我照顾过成千上万名婴儿，他们都成功实现了混合喂养——母乳喂养的同时还能在白天喝一瓶或多瓶配方奶。小婴儿真的很聪明，就像进行洗澡-喂养-睡眠习惯训练时那样，他们只把奶瓶视作食物，不会在母乳喂养时出现乳头混淆现象。婴儿从不拒绝乳房，但是如果在出生4~6周没用过奶瓶，他就会对奶瓶产生抗拒，而且往往会一直坚决拒用奶瓶。如果妈妈生病、住院、给宝宝断奶或是要回归职场时孩子拒用奶瓶就很麻烦了。相信我，如果你想让宝宝长期使用奶瓶，就得在他出生早期用奶瓶装上配方奶或是挤出的母乳来喂养他。

如果婴儿出院前喝过配方奶粉，家长很可能会继续使用相同品牌的产品。但是如果婴儿在出院回家后才开始喝配方奶，家长就可以找健康方面的专业人士推荐一下具体产品。如果你家孩子对妇幼保健护士或儿科医生建议使用的配方奶粉出现了任何不良反应，可以改用其他品牌的配方奶粉。但是，未经医生建议的情况下，不要随意改换配方奶产品。

家长需要准备的物品

> 为了用奶瓶喂养宝宝，你需要准备：
>
> · 1 台好用的电动消毒器
>
> · 6~8 个奶瓶
>
> · 1 台奶瓶清洁器，用于仔细清洗每次使用后和消毒前的奶瓶及奶嘴
>
> · 1 个大塑料盒，用于盛放所有消毒完放在冰箱中的奶瓶，以防止奶瓶里滋生细菌。

如果你打算只用奶瓶喂养或者婴儿需要额外补充一些配方奶，我建议你新买一台奶粉冲调机，只需按下一个按钮，机器就可以给水加热后冲调出完美的婴儿配方奶了。这种机器很好用，而且还可以节省很多时间。

给婴儿包好裹布，让他有安全感，然后用你的左臂抱住他，同时右手以 45 度角拿好奶瓶。把奶嘴放在婴儿嘴边，当他张开嘴时，轻轻让他将奶嘴吸入口中。给婴儿喂奶的过程中，要保证奶嘴里始终充满奶水，防止婴儿吸入空气。

如果有奶水从婴儿嘴角流出，请检查一下奶嘴盖是否没有拧牢。如果你的宝宝用奶瓶喝奶时大口吞咽也不要太过担心，

因为他吸到口中的奶量肯定是自己能应付过来的。有时候，婴儿会将舌头抵在上颚处，导致他无法正常喝奶，所以当你把奶嘴放进婴儿嘴里时，请检查一下他的舌头是否顶住了上颚。

如果你想哺乳的同时也给宝宝使用奶瓶，就要在出生前几周开始让他使用。关于给婴儿喂食的奶量问题，取决于婴儿的年龄、体重和发育情况，所以请咨询一下儿科医生或妇幼保健护士。

凯瑟琳的裹布法

子宫内的胎儿会被子宫内壁肌肉紧紧包住，出生后，婴儿的原始反射，如莫罗反射（亦称惊跳反射）会让他觉得很不安全，所以会伸出双臂，似乎试图要抓住某物以防止自己跌落。通过对婴儿多年以来的观察，我发明了一种简单奏效的裹布方法，可以让婴儿获得安全感，令他们变得平静，帮助他们更好地吃奶和睡觉。你需要用一条尺寸至少为 1.2 米 ×1.4 米的质地柔软且轻薄的纱巾将婴儿的双手和胳膊弯曲着包住，而且他的双胯要能在裹布里弯曲。如果你将他的双臂裹在身体两侧而且双腿也不能屈伸，他就会扭动身体拼命挣扎，让你觉得他很不开心并且非常"讨厌用裹布"。最终，他会把双手从裹布中挣脱然后抓伤小脸。

我建议你从婴儿一出生到 6 周大的这段时间，每次吃奶和睡觉时都为他包上裹布。然后，继续包着婴儿睡觉，直到他长到 6 个月大莫罗反射（或惊吓反射）消失时再让他用睡袋睡觉。

包好裹布也意味着你不必操心按住婴儿乱动的小手——我就亲眼见过一位父亲在宝宝吃母乳时用手按着他的小手。在哺乳时和宝宝要睡觉时为他包好裹布能起到一定的帮助作用。

独家的洗澡—喂奶—睡觉习惯训练法

我提出的洗澡-喂奶-睡觉习惯训练法旨在培养婴儿从出生到 12 月龄期间的习惯，操作起来非常简单。

- 每晚 10 点给婴儿**洗澡**，即便他睡着也可以叫醒洗澡。
- 每晚洗完澡给婴儿**喝**一瓶配方奶。
- 喝完奶直接把婴儿**放**在床上让他睡觉。

我建议妈妈们上床睡觉好好休息一下，使自己的身心都能从照顾孩子的辛劳中抽离片刻，同时让另一半负责给宝宝洗澡喂奶。这样做可以使爸爸们有机会与孩子共度宝贵的亲子时光，给宝宝洗澡、抱抱他、给他清洗衣物、换件衣服、喂瓶奶。好戏开始了！

把一些实际的家务事交给另一半或其他家庭成员负责，这样做能给你带来莫大的帮助。如果你躺在床上不容易放松身心，可以听点儿轻音乐，试着让思维放缓。妈妈们往往很难"放心"把自己的孩子交托给他人洗澡和喂奶，所以更愿意在另一半身边"溜达监视"，认为自己才更胜任育儿方面的各种工作。

对于你的宝宝来说，这套训练法可以帮助他在洗澡后开始睡一天之中最长的整觉。婴儿出生前几周的睡眠时长最多只有3~4小时，但是，等他到第3~6周体重逐渐增加时，就能睡得更久一些了（长达6个小时）。

所以，另一半应该趁妈妈休息时负责给宝宝洗澡。可以将孩子放入没有洗澡架的加深浴盆里，这样他就能在温暖的洗澡水里（38℃）好好放松了。出生早期的小婴儿洗澡时不需要用肥皂和乳液，因为他们的肌肤本身就很洁净。婴儿出生前几日的皮肤都很干燥，而且很容易脱皮；在此之后，婴儿的皮肤就会变得非常光滑柔嫩了。

给宝宝洗完澡后，将他从洗澡水里抱出来放在浴巾上。他可能会因为洗澡前和洗澡后一丝不挂而哇哇大哭，所以你要向他解释你在做什么，并且尽快给他穿脱衣物。等给孩子擦干身子后，为他换上准备睡觉时穿的衣服。始终要为婴儿穿上尿布、小背心（即使热天也不例外）和连体服，然后再按照"凯瑟琳的裹布法"将他包好。给他用奶瓶喂一瓶事先挤出的母乳或配方奶。在宝宝出生早期，你可以给他准备90毫升。即使你认为他的食量没有这么大也没关系，这样做有备无患，否则万一他把一整瓶奶都喝光了却依然意犹未尽，你就得打断顺畅的喂奶过程，再跑到厨房去给他重新冲一瓶了。而且，请别忘记，你不可能把婴儿喂撑。

到大约4周大时，婴儿或许就能喝掉120毫升的奶水，当然这还取决于他出生时的体重——也就是说，出生体重不足3千克的婴儿也许只能喝下50毫升，而出生体重超过4千克的婴儿也许就能喝下120毫升。

等婴儿平静下来要睡觉时，让他靠在你的肩头然后轻轻抚摸他的后背。有时候，刚把他抱起来靠在你肩膀上他就能自己打出嗝来。你不必用力拍打他的后背，要记住，他还只是个小婴儿，所以你的动作一定要轻柔。然后将他安全放置在摇篮里，再用一条薄纱巾盖在他身上掖好。不要给婴儿盖很多层毯子，因为那样会把他捂得很热，而且有可能还会导致婴儿猝死综合征。应该给婴儿穿上尿布、小背心和连体服，然后包好裹布，再给他另外盖一条薄纱巾并牢牢掖在身下。

如果婴儿没能马上入睡而且还想再喝些奶的话，你就可以将他抱起来解开裹布，让他俯趴一会儿再仰卧一会儿，或许还需要再俯趴一会儿，之后再给他换好尿布并重新包上裹布，接着喂他喝一瓶奶。此时此刻，他应该就准备好要睡觉了，将他放下来盖好被子，然后你也可以去睡觉休息了。

婴儿晚上总爱扭动身子并且发出声响，把婴儿床的床头调高45度或许能让这种情况有所改善。患有胃液反流的婴儿可能会比其他婴儿更吵一些。

等宝宝再睡醒时，应该已经是凌晨2~3点了，这时候，妈妈已经睡足了 5 个小时，爸爸也在完成洗澡 - 喂奶 - 哄睡这一系列工作后去睡觉了，直到第二天早晨之前都无须他再起床照顾孩子。女性的荷尔蒙决定了她们比男性更擅长应付起床喂养后代、睡眠不足及睡眠中断的情况。

我提出的洗澡 - 喂奶 - 睡觉习惯训练法可以帮助妈妈们哺乳更长时间（甚至超过 12 个月），因为遵守这种基本方法，可以让她们从照顾孩子的工作中抽身休息，一次睡足 3 个多小时。这都是一家人通力合作的结果。

有数千名家长都试用并验证过这种做法，它对 10~14 周大的婴儿非常有效。晚上 10 点的洗澡时间并不是一成不变的。等宝宝逐渐长大变重后，家长就可以将洗澡时间逐渐提前。这完全取决于婴儿的增重情况和具体年龄。体重 3 千克以下的新生儿睡眠时长不超过 2~3 小时，但是随着他不断喝奶 [母乳和（或）配方奶]，晚上 10 点洗完澡喝完奶后的睡眠时间就能慢慢延长了。

只要你有耐心并且坚持不懈，你的宝宝就能一开始睡 4~5 个小时，然后是 6~7 个小时，再往后就能睡 8 个小时。这种改变需要至少 8~9 周时间才能奏效。保持耐心是我们为人父母需要学习的第一项技能。虽然你现在觉得疲惫不堪，但你在整个育儿过程中为宝宝起夜的次数不会很多，时间也不会太久。

几周之后，你就能在晚上 9 点半给宝宝洗澡了，再往后变成晚上 9 点，然后逐渐一点一点提前，直到最终在晚上 6 点让他洗澡、吃奶然后睡觉。而后，等晚上10点，宝宝还在睡梦中时，家长可以用"睡眠喂养法"给他喂奶。

虽然洗澡时间提前了，但是你一直要等到晚上10点才能用睡眠喂养法（或称滚动喂养法）给孩子喂奶，这样做可以为你的宝宝补充能量，让他从午夜一觉睡到凌晨4~5点！

婴儿体重**平均**每周增加150克。但是并非所有婴儿的增重速度都一样，所以你最好不要拿自己宝宝的情况与其他孩子做比较。我们的身高不可能都有190厘米，体重也不可能都有90千克。有些婴儿每周增重300克，而另一些婴儿每周增重不足150克。上述两种增重情况对于身体健康、比例均衡、饮食和睡眠良好的婴儿来说都是正常的。只要婴儿能够持续增重、健康快乐、正常排便排尿，就没有问题。

等宝宝长到4个月左右，体重达到大约8千克时，他就能睡得再久一点。本月龄宝宝可以在晚上6点洗澡，接着包好裹布直接哺乳，然后大概在晚上7点时上床睡觉。而后，由另一半负责每晚10点趁孩子还在睡梦中的时候给他喂一瓶牛奶。这种方法可以用至宝宝年满12个月为止——这种睡眠喂养法（或称之为滚动喂养法）可以让宝宝获得额外的能量，使他能够彻夜酣睡，同时增加体重，等他再长大一些还能睡得更久。其间，你的另一半可以抱起宝宝并且好好安抚他，然后再把他放回小床继续睡觉。

此月龄和体重的婴儿应该可以睡到凌晨3~4点时醒来喝些母乳，然后接着一直睡到早上6~7点。这听起来可能很容易，但是喂奶的辛劳是无法避免的。晚上给孩子喝瓶配方奶不会妨碍母亲哺乳，婴儿用奶瓶喝奶也不会造成"乳头混淆"。

如果你的宝宝患有胃液反流或其他疾病，就不太容易形成良好的睡眠习惯。如果你认为自己的宝宝异乎寻常地哭闹，就该带他去看看医生。

初为人母的我非常感激凯瑟琳能为我的育儿之路打下坚实的基础。哈利现在已经 9 周大了，从出生 6 周起，他就能在晚上一觉睡足 9 个小时，而且越长越壮。我觉得非常自信也非常放松，多亏凯瑟琳为我们提出了如此简单易行的建议。最近妈妈群里有个助产士说我给哈利喂得太多，让我在他喝奶时中途打断他然后递给他一个安抚奶嘴。很幸运的是，我知道自己不可能把他喂撑，而且孩子还那么开心满足，我根本没必要打断他喝奶。等我们回到新西兰的家里过圣诞节时，我把凯瑟琳的洗澡－喂奶－睡觉习惯训练法告诉了所有愿闻其详的人，而且我对这个方法笃信不疑。

萨 拉

如何给婴儿高效洗澡

随着婴儿体重不断增加，他的睡眠时长也会变得更久，能够一觉睡过午夜，这时候，你就可以在接下来的几周时间里逐渐把宝宝洗澡的时间每隔几天就提前30分钟了。但是，此事不可操之过急，因为每个宝宝对洗澡时间提前的适应情况各有不同。

给婴儿洗澡对家长和孩子来说都是一次美妙的经历，洗澡可以让婴儿变得镇定并且全身放松。开始洗澡前，请把一切都准备就绪——把浴盆装满温水，水位要足够深，能一直没到宝宝脖子的位置。还要在随手就能拿到的地方准备好干净的浴巾、小毛巾，一些尿布，一身干净衣服和护臀霜。每晚都要给宝宝洗澡，但是**千万不要**用淋浴，因为大人很容易在抱着宝宝时让他从手里滑脱或是自己摔倒。

将婴儿放入浴盆前，请先用你的手肘测试一下水温，要确保水温达到38℃。然后给婴儿脱掉衣服，但先别解开尿布，以防他临时大小便！把他用浴巾包起来，在腋下夹着抱起，这样你就能在浴盆边沿用手托着他的头了。用小毛巾轻轻擦拭他的前囟门区域（婴儿脑袋上最柔软的地方），以防生成乳痂。乳痂是由一层层干燥的皮肤聚集在一起形成的。然后把宝宝抱回操作台，轻轻打圈擦干他的头发。

现在，你可以解开婴儿的浴巾和尿布了。用手托住他的头部将他抱起来。此时抱婴儿的最佳方式是轻轻将他放在你的手腕内侧，同时用你的胳膊拢住他，并用你的手指抓住他的胳膊。抓住婴儿的双腿，轻轻把他放入浴盆，先让他的屁股入水，然后再慢慢将他的整个身子放入浴盆，直到水位刚好没到脖子。

你可以放开婴儿的双腿,让他漂浮在温水中好好享受。把你的手放在婴儿肚皮上可以让他觉得更有安全感。

如果宝宝哭了,说明水温可能太冷或太热,还有可能是因为他的上半身沾湿后暴露在空气中令他感到不适。

你可以一边给宝宝洗澡一边跟他聊天……他熟悉你的声音,跟你在一起能让他感觉舒适,等他在温暖的洗澡水里安静下来就能张开双眼环顾四周了。给婴儿洗澡时动作一定要轻柔,尤其是清洗腋下、脸颊底下、生殖器周围和臀部的时候。

等你觉得给他洗得差不多了,就用毛巾为他蘸干身上的水,一定要擦干宝宝腋下和所有的皮肤皱褶(如果两处湿润的表皮相互摩擦就有可能引起皮肤感染)。托着婴儿的手肘将他的胳膊抬起,如果你想拉着他的小手去提他胳膊,他会本能地把手肘往回缩。

为了擦干宝宝的腋下,家长要托着婴儿的手肘将他的胳膊抬起来

给宝宝擦干身子后要先穿上尿布,这样可以防止他临时拉

尿弄脏后让你再给他洗一遍澡。接着给他穿好衣服，用"凯瑟琳的裹布法"包好裹布。你的宝宝现在就可以喝奶了。

小婴儿的五官和臀部

婴如今，医务专业人士和药剂师都建议家长往婴儿鼻子里喷涂生理盐水清除鼻涕。让我颇为吃惊的是，只要宝宝鼻塞流涕，就会有人建议家长用吸鼻器帮他把鼻涕吸走。家长要明白"己所不欲，勿施于人"的道理。如果有人建议你往宝宝的鼻腔里喷生理盐水，你可以先往自己鼻孔里喷一些，试试到底有多难受，之后再用一下吸鼻器，你就会明白为什么小婴儿不爱用这些东西了，因为这两样东西会把他弄得非常难受，让宝宝变得很不开心，而且这么做其实完全没有必要。

婴儿鼻腔里的鼻毛既能抵御细菌入侵，又能为吸入的空气加湿。请你耐心一些，如果宝宝只流鼻涕其实并无大碍，不用进行处理，特别是如果这个宝宝是你家的二胎、三胎或是更往后的孩子，流涕现象就更常见了，因为其他几个大一些的孩子会把感冒流涕的症状传染给他。换言之，每家的第一个孩子在出生前几周都不太可能患上感冒，因为在出生后的几个月里，婴儿有从母体带来的抵抗力，再加上家长都会把他们保护得妥妥当当的，所以不会轻易感冒。

此外，你得让婴儿的臀部保持干燥清洁。

包皮环切术现在已经比较少见了，而且通常是因为宗教信仰才会对男童施行割礼[1]。如果男孩未割包皮，家长也不需要把他的包皮拉起来，因为这样做会对阴茎造成伤害；相反的，家长可以不用管此事，等孩子长到3~4岁时，自己可能会玩弄生殖器令包皮与阴茎头自然分开。等孩子年龄足够大时，家长就可以教他在淋浴或泡澡时如何把包皮拉起来清洗包皮底下的阴茎了。

  对于女婴来说，只需给她清洗外阴外侧即可，不必清洗外阴内侧或是阴道。有时候，女婴会在出生几周内排出黏液状的血性分泌物，这是正常现象，是由于婴儿出生后雌激素水平变化造成的。

---

  1. 这种习俗据说起源于犹太教，已有2000多年的历史。犹太人施行割礼象征着他们正在履行与上帝的契约，确定犹太人身份，满足了允许婚姻的条件等。——译者注

第三章

小婴儿的健康最重要

婴儿的健康尤为重要，父母应该是对自家孩子最了如指掌的人。如果你觉得宝宝不舒服，就应该带他去找全科医生检查一下。特别是小月龄婴儿，可能会迅速发病，但是痊愈速度也很快！

婴儿出生后，儿科医生会为他进行全身检查，进而排除明显的身体畸形，并且还会询问母亲一些问题，比如分娩时是否难产，是否为纯母乳喂养、配方奶喂养或是混合喂养等。你所在居住地的市政服务机构的妇幼保健护士也会在第一次和后续访视时给宝宝进行检查。

在婴幼儿阶段，妇幼保健护士会对孩子的身体健康起到关键的作用。在澳大利亚，你可以免费得到妇幼保健服务，但是各省获取服务的方式略有不同，所以你最好联系当地市政服务机构了解一下具体情况。不论是在医院分娩还是在家分娩，相关妇幼保健服务机构都会收到婴儿出生通报。

妇幼保健护士会联系你安排最初的家庭访视或是到当地服务中心进行检查。服务中心是个很好的地方，可以让你结识居住地的其他新手妈妈。妇幼保健护士会帮助你维护宝宝的健康手册，并为你提供关于母乳喂养、免疫接种、安全睡眠、宝宝发育和妈妈群活动的相关信息和支持。

防疫接种的各种常识

澳大利亚各地的免疫计划有助于孩子从小进行免疫接种，进而保护他们在儿童时期免受重疾影响。

免疫接种计划始于婴儿出生之后注射的第一针乙型肝炎疫苗，宝宝满 6 个月时还会接种第二针疫苗，但是早产儿、生病患儿或是免疫功能不全的孩子可能会有例外。如果你担心孩子的健康，请随时带他去看医生。

两针疫苗之间的注射间隔期非常重要，因此，如果你家宝宝延误注射了某种疫苗，就要等到注射间隔期满才能再去注射下一针疫苗。如需提前注射，请先咨询当地市政服务机构或全科医生。疫苗注射后一般不会产生严重的副作用或过敏反应。

如果婴儿注射疫苗后感到不适或面色灰白，请及时咨询医生，并在医生指导下给孩子服用相关药物。

在澳大利亚，大多数疫苗都可以免费接种，而且还会不断推出新的疫苗，因此，你可以联系全科医生了解最新的疫苗信息。让成人及时接种包括百日咳在内的疫苗非常重要，尤其是家中有快要出生的婴儿时更是如此。疫苗的免疫性会逐年降低，所以我们需要不断进行补种。如果你有任何疑问，可以咨询一下全科医生，让他为你做个血液测试就可以评估出你的免疫状态了。

根据法律规定，小孩开始上幼儿园或是小学前都必须完成规定接种的各类疫苗。

0~4岁儿童免疫计划手册

下面表格中列出的信息是从《澳大利亚国家免疫计划手册》直接复制过来的内容（网址：http://beta.health.gov.au/topics/immunisation/immunisation-throughout-life/national-immunisation-program-schedule）。

新生儿

可预防疾病	疫苗品牌	备注
（通常在医院）注射一针乙型肝炎疫苗	儿童专用 H-B-VAX® 第二代乙型肝炎重组 DNA 酵母疫苗或儿童专用安在时疫苗	所有婴儿出生后应尽快接种乙肝疫苗。出生24小时内接种能达到最佳防疫效果。该疫苗必须在婴儿出生7天内接种。

2月龄

这些疫苗可在婴儿出生6周后开始接种。

可预防疾病	疫苗品牌	备注
白喉、破伤风、百日咳、乙型肝炎、脊髓灰质炎、HIB（b型流感嗜血杆菌）联合注射	英芬立适®六联	无
肺炎球菌注射疫苗	沛儿13®	无
轮状病毒口服滴剂	罗特律®	6~14周大的婴儿口服轮状病毒疫苗

4月龄

可预防疾病	疫苗品牌	备注
白喉、破伤风、百日咳、乙型肝炎、脊髓灰质炎、HIB（b型流感嗜血杆菌）联合注射	英芬立适®六联	无
肺炎球菌注射疫苗	沛儿13®	无
轮状病毒口服滴剂	罗特律®	10~24周大的婴儿口服轮状病毒疫苗

6月龄

可预防疾病	疫苗品牌	备注
白喉、破伤风、百日咳、乙型肝炎、脊髓灰质炎、HIB（b型流感嗜血杆菌）联合注射	英芬立适®六联	无
肺炎球菌注射疫苗	沛儿13®	无

12月龄

可预防疾病	疫苗品牌	备注
麻疹、腮腺炎、风疹联合疫苗	M-M-R®第二代麻风腮联合疫苗或普祥立适®	无
HIB（b型流感嗜血杆菌）和C群脑膜炎球菌联合疫苗	Menitorix®	无
肺炎球菌注射疫苗	沛儿13®	无

接受免疫接种前

请告知医生/护士你的孩子是否:

·身体不适(体温高于38.5℃)

·之前接种疫苗后产生过严重的反应

·对其他药物或物质有任何严重的过敏反应

·在过去一个月内接种过疫苗

·在过去一年内注射过免疫球蛋白或任何血液制品或输过血

·是妊娠期不足32周出生的早产儿或出生时体重不足2千克

·患有肠套叠(一部分肠管滑入与其相连的肠腔而造成阻塞,形态就像是折叠式望远镜那样)

·患有慢性疾病

·患有出血性疾病

·脾脏功能不正常

·与疾病患者一起生活,而该患者正在接受的治疗会导致免疫力低下

·正在接受导致免疫力低下的治疗(比如口服类固醇药物、放疗或化疗)

新生儿髋关节发育不良该怎么办

臀位出生的婴儿更容易出现髋关节发育不良的情况，也就是说，胎儿在子宫内处于头朝上脚朝下的位置。髋关节发育不良常见于头胎婴儿，且女婴多于男婴，哥哥姐姐或父母曾经患有髋关节发育不良的婴儿更容易出现同类症状。单侧或双侧髋关节都可能受到影响。

妊娠期妇女血液中松弛素的含量很高，这种激素可以帮助她们在妊娠期和分娩时伸展韧带，帮助骨盆在分娩过程中张开，方便婴儿通过骨产道。其中有些松弛素也能进入婴儿的血液，使婴儿髋关节在髋臼中变松。

> - 给新生儿进行体检时，医生或助产士/妇幼保健护士可能会发现婴儿单侧或双侧髋部有闷响或咔嗒声。
> - 婴儿双腿伸直后长度不等。
> - 婴儿双腿后侧的皮褶或肉褶可能不对称。

如果婴儿存在髋关节发育不良的临床风险，也就是说，如果婴儿妊娠期处于臀位，或有髋关节发育不良的家族史，又或者儿科医生检查时发现髋部有咔嗒声或闷响，大多数医生都会要求在婴儿6周大时对髋部做一次超声波扫描，并建议父母为他使用髋部支架去纠正髋骨位置，确保髋关节周围的韧带收紧。

其他髋关节发育不良病例可能需要使用覆满双腿的髋部人字形石膏支架，从脚踝一直支撑到腹部位置。

根据患儿的不同情况，需要佩戴支架的时间从 6 周至 6 个月不等。通常情况下，需要每天 24 小时一直佩戴支架，但有时候也可以在每天给宝宝洗澡时将支架摘掉。给婴儿更换尿布时无须取下支架。髋部支架佩戴之初和戴满规定时间后，医生会对患儿进行 X 光扫描，用以检查髋关节是否已经复位，然后决定是否停用支架。好消息是，2018 年使用髋部支架的治愈率很高。

出疹子了该怎么办

婴儿出生前 12 个月可能会得很多种皮疹。

绝大多数毒性红斑患儿都是足月出生的婴儿，这种皮疹是由于婴儿出生后对来自母体的激素产生反应而造成的。通常为红色扁平斑块，表面有一些小疙瘩，有时还有脓包，往往会在婴儿出生第四天或第五天开始出疹，但有时也可能最迟到婴儿出生 3~6 周时才会出疹。这种红斑通常首先出现在脸部，然后扩散到躯干上部、小腿和手臂上，手掌和脚掌不会出疹。不要将脓包挤破，只需用清水清洗，无须治疗红疹就会自行消退。

新生儿粟粒疹是一种出现在婴儿鼻部的无害白色小疱。同样的，用清水清洗皮肤患处即可，4~6 周之后即可自行消退。

糠秕孢子菌性毛囊炎（俗称"乳样斑"）是由于新生儿皮脂腺分泌活跃而引起的炎症。外观呈粉刺状，通常出现在鼻子和前额上,而且还经常出现在脸颊上。这种皮疹也能自行消退,所以不要用手挤破,只需用温水清洗即可。

胃液反流该怎么办

如果你的宝宝不舒服,觉得很痛苦、不开心,而且还一直哭闹,很可能是因为恐怖的胃液反流让他觉得很难受,这种感觉就好像成人一直觉得胃灼热似的。

对于新手父母来说,这是非常痛苦的,因为经常会有家人、朋友善意提醒他们说孩子有"绞痛"或"不好的肠气"。然后,便会有家人从药店花费巨资买回一些非处方药来。可遗憾的是,如非得到全科医生或儿科医生的正确治疗,胃液反流的病情会变得更糟,所以你应该带孩子去看看医生。

胃部上方的括约肌会在我们吞咽时阻止食物返回食管,胃里还会分泌帮助消化食物所需的酸性胃液。有些新生儿的括约肌松弛或尚未发育成熟,如果有奶水返上来,胃酸也会一并返上来,进而引起胃灼热症状。

患有胃液反流的婴儿吃奶时会在妈妈胸前或是奶瓶前焦躁挣扎,拱起后背左右摇头,但是妈妈们往往会以为是孩子不愿意吃奶。他会大声啼哭,等哭累睡着后躺到小床上不到5分钟就又开始哭,而且一直都哄不好,直到再喝奶时才能哄好……而后,之前的一番折腾又会一遍遍地重演。

患有胃液反流的婴儿通常会吐奶,但是呕吐量不会很大。

虽然他不可能把刚刚喝下的奶全部吐出来，但这也足以让家长非常担心了。即便患有胃液反流的婴儿似乎一般都不太高兴，但他们的健康其实也并无大碍。他们的体重也不一定总是减轻，事实上，一些婴儿实际还会增重不少，因为吃奶对他们来说算是一种缓解不适的办法。

胃液反流的其他常见症状包括你的宝宝：

- 一仰卧就会哭闹；
- 屈膝蜷缩身体；
- 从沉睡中惊醒并且发出尖叫；
- 打嗝后表情上看起来好像吃了他不喜欢的食物，其实是因为胃酸反流到喉咙里造成的。

胃液反流会让每个人都觉得很痛苦。曾经平静酣睡的宝宝会变得不再好好吃奶，不再好好睡觉，白天大部分时间都哭哭啼啼，还喜欢一天 20 个小时都让你竖直抱着他来回踱步。胃液反流症状最早在婴儿出生 2~3 周即会出现。

治疗方法

如果宝宝有上述症状，一定要让专业医务人员诊断一下婴儿是否患有胃液反流。医生会给你开具一些处方药，这些药物一般能在一周内起效。通常最初会用抗酸剂配合药物一起使用。

医生体检后,不要给婴儿胡乱服药,应该给他服用医生开具的药品。

宝宝出牙了

我们不难判断宝宝什么时候开始出牙,因为出牙时,他会在白天变得躁动不安并在晚上睡不好觉。(你白天也可能一样躁动不安而且晚上睡不好觉!)下面提到的一些建议可以让你帮助宝宝舒缓不适。

婴儿出生时牙龈里就已经有20颗牙齿的牙胚了,通常到6~12个月时开始萌出,等到3岁时,所有乳牙就能完全萌出。

孩子出牙时的正常现象

- 脸颊或耳朵发红
- 揉搓耳朵
- 在夜里醒过来
- 易怒不安
- 吃东西时哭闹
- 比平常更爱流口水

孩子出牙时的反常现象

- 发烧
- 呕吐
- 腹泻
- 全身出疹

如何缓解出牙引起的疼痛

家长要多关爱并拥抱出牙期的宝宝，并对他们现在的不适与痛苦感同身受。如果你的宝宝很难受，可以给他服用一些抗炎药物，不仅可以帮他缓解出牙疼痛，还能减轻炎症。服药前请咨询一下医生是否有必要用药，若决定用药，请严格按照药品包装说明根据宝宝的年龄和体重慎重选择药量。

牙咬胶可以很好地缓解婴儿出牙时引发的疼痛和不适，你可以一次购置两三个，这样就可以保证婴儿咬着一个牙咬胶的同时至少还有一个能冷藏在冰箱里备用。

在我看来，出牙止痛凝胶不太好用，若宝宝特别痛苦，最好给宝宝服用一些止痛药（请咨询医生使用何种药物，并慎重选择药量）。

我家俩孩子的出牙经历都很痛苦，尤其是我家老大，很小就开始长牙了。他当时脸颊绯红、大便溏稀，种种迹象都表明他长牙时非常痛苦。似乎他的乳牙还没冒尖就已经出现这些症状了，但是，牙齿总会在不久之后长出来。我后来才恍然大悟，发现他经历的这些痛苦与出牙之间存在着明显的联系。我家老大长牙那段日子真的很难受。每个孩子的出牙情况都不一样，我家老二很晚才长牙，但是其间也觉得特别疼（只不过她的牙疼比哥哥来得晚了一些……）

布里迪

维生素 D 滴剂

如果母亲妊娠时体内维生素 D 含量一直偏低，而且现在又在哺乳宝宝的话，就需要给孩子服用维生素 D 滴剂。维生素 D 滴剂的用法很简单，只需滴在婴儿舌头上即可。如果你采用奶瓶喂养，配方奶粉里本身就含有婴儿所需的全部维生素 D，所以无须额外补充。

小便和大便

婴儿如果能尿湿很多尿布，就说明他体内的水分平衡很好。如果你家宝宝的尿布是干的或者他没有排尿，就要带他去看看医生了。

纯母乳喂养的婴儿会排出黄色稀便,而且他们在每次吃奶前、吃奶时和吃奶后都有可能排便。一些母乳喂养的婴儿可以连续10天没有大便。吃母乳的婴儿从来不会便秘,只要他能好好吃奶、放屁,跟着就会排便。

如果你家宝贝的粪便呈黑色、红色或白色,就得让医生检查一下。黑色便(婴儿刚出生时排出的胎便除外)可能意味着婴儿的肠道上端有些出血;红色便可能意味着婴儿对牛奶蛋白过敏或者患有肠套叠这种肠道并发症(肠镜发现一段肠管套入与其相连的肠腔内,导致婴儿粪便呈现"红色果冻状");如果婴儿的肝脏不能分泌足够的胆汁,就可能会排出白色粪便;如果胆汁流动受阻而不能从肝脏中排出,婴儿的粪便就会呈现出白色、灰色或黏土色。在上述所有情况下,请给沾着婴儿粪便的尿布拍张照片,然后将其放在塑料袋内带到医院供医生参考诊症。

牛奶蛋白是导致新生儿食物过敏最常见的敏源之一。如果你注意到宝宝的粪便里有血,你就得拍一张带血粪便的照片或是在看医生时带着这片沾着血便的尿布。如果你的孩子对牛奶过敏,而你正在哺乳,儿科医生就会建议你拒食一切乳制品。

如果婴儿的粪便里继续带血,儿科医生会建议你给他喝特殊配方奶粉,且在他大便恢复正常前都不要哺乳,你得把母乳挤出来。恐怕特殊配方奶粉闻起来很臭(婴儿的粪便也很臭),但是小婴儿会很开心地喝下这种奶粉。

如果你的宝宝有任何患肠胃炎的迹象，医生可能会让你将婴儿的粪便样本送去做病理学检查。

有了肠气该怎么处理

打一个大嗝、连续打嗝都是正常的身体机能表现，有肠气也很正常。这不是什么大毛病，也不会让宝宝觉得太痛苦。通常情况下，喝奶有助于刺激婴儿的口腔/肛门反射，在婴儿吸吮乳房或奶嘴时，肛门会受到刺激并排出身体不再需要的东西（粪便），为摄取更多生长所需的食物（牛奶）腾出空间。

关于防止寄生虫病的建议

我知道这听起来很恶心，但是孩子们有可能感染寄生虫病，特别是他们和其他孩子接触或是上幼儿园时尤其如此。在澳大利亚，线虫（或称为蛲虫）是儿童和成人最常见的肠道寄生虫。它们不会伤害你或你的孩子，而且很容易治疗，但也很容易在人群中传播。

孩子们把手放在嘴里就可能吞入了灰尘、玩具和床单上的寄生虫卵然后患上寄生虫病。吞入的虫卵会在小肠内孵化为成虫，然后再在儿童的肛周产下更多的虫卵。我知道这很恶心，但我们需要正视这个问题。如果你的孩子经常屁股发痒，特别是在晚上，很可能他身体里就有寄生虫。他会抓挠屁股，然后难免不把手再放进嘴里吞下更多的虫卵。寄生虫病也会影响睡眠、饮食和行为，所以家长需要定期给孩子驱虫——至少半年一次。好消息是，服用驱虫巧克力[1]就能达到治疗效果。

- 向药剂师咨询最常见的寄生虫病治疗方法。
- 除新生儿外，所有家庭成员都需要驱虫治疗——家长和孩子无一例外。
- 与此同时，给所有家养宠物驱虫。
- 清洗所有床单。
- 一定要勤给孩子修剪指甲。我经常建议家长给孩子洗澡之际剪指甲，剪完用肥皂给孩子把手洗干净，接着再让他用皂液好好洗个澡。

我家 10 个月大的宝宝晚上经常会醒。助产士凯瑟琳建议我用驱虫巧克力给全家人驱虫治疗。我得承认自己之前从没听说过这种药！她还建议我把家里所有的床单都洗干净，给孩子洗澡前先帮他们剪短指甲，接着用肥皂给他们洗手洗指甲，再用皂液洗遍全身。我照她说

---

1. 这是澳大利亚的一种巧克力口感和外形的专业驱虫药，可以治疗包括蛲虫、蛔虫、钩虫等在内的寄生虫病。药理是通过神经肌肉阻断方式使其通过粪便排出体外。

的做了（可真是忙碌的一天），两周后又这样搞了一次全家清洁运动。恐怖的是，我家孩子第二天大便时我就在她的粪便里看到了虫子！现在，我家经常定期驱虫。在此之前，孩子每晚总要醒两三次，驱虫之后就一直睡得很好了。

瓦奥莱特

出现了什么样的情况应该到医院及时就诊

仔细观察你家宝宝，他会将自己的感受确切地告诉你。如果他皱起鼻子并把五官拧作一团，并不能说明他生病了，因为现阶段他只会做这些表情！如果婴儿生病了，会在身体上出现你能看到的征兆。

如果你的宝宝出现下述情况，请带他去就诊

- 软弱无力或反应迟钝
- 抽动
- 水样腹泻
- 肤色青紫或暗沉
- 食欲不佳
- 持续性或喷射性呕吐
- 排尿次数不足

- 粪便中带血
- 不由自主地啼哭,并且你无法止住哭声或安抚好他
- 持续不断地咳嗽

出现下述情况时不必担心宝宝的健康

- 打嗝
- 有肠气或放屁
- 排尿次数多
- 排便次数多/少
- 少量吐奶
- 状态警觉
- 环顾四周但不哭闹

第四章

培养和宝宝的沟通要趁早

感谢言语病理学家伊莉斯·斯沃洛和尼科尔斯·帕克基姆对本章内容的贡献。

早期沟通能力发育

语言发育是一种独特而美好的经历，由此可以开始实现我们终其一生通过互动与他人联系和分享的愿望。这种经历最早发生在妊娠期第18周胎儿的感官发育之初。从那时起，胎儿便可以灵敏地听到各种噪音进而逐渐熟悉人类的言语和语言。到婴儿出生时，他就已经知道应该如何对噪音和声音做出回应了。

婴儿的交际能力是习得的结果。为了进行口头交流，我们需要学会很多技巧，其中最明显的三个技巧便是沟通、语言和言语能力。这三方面的能力虽然是共同发展的，但是通过单独讨论，可以帮助我们更加了解人类的语言发育情况。

沟通能力

沟通即指信息交流。婴儿一出生就开始利用肢体进行交流了。他们要到 10~14 个月大时才能开口讲话。在此之前，他们会用哭泣、咕咕声、眼睛注视、面部表情、笑声和肢体动作来表达他们的需求和感受。

婴儿出生后 6~8 个月的行为不受自我控制，属于天生特有的行为方式，沟通是他们在此期间学会控制的一种行为。婴儿的沟通能力是基于成人理解婴儿天生固有的交流行为并回应他们的需求而发展形成的。家长可能经常觉得自己好像总在猜测孩子到底需要什么。我们要花时间根据宝宝的行为去了解他要沟通的内容。经过不断地试错，我们才能通过宝宝的哭声、咕咕声、眼神、面部表情、笑声和肢体动作弄明白他的意图。婴儿会根据家长对这些暗示的回应来学习如何索要、抗议、发表意见和玩耍！借此，他们才能学会如何将自身的想法或感受与实际行动结合在一起。这便是所有有意行为的根本。

6~12 个月大时，婴儿会有意识地进行交流。最初，婴儿大脑里的语言能力开始发育，他们会使用"非语言沟通手段"，比如，通过眼神、面部表情、伸手和用手点指等方式进行交流。

语言能力

语言即指单词和短语背后的含义。语言能力与交流能力都是婴儿一出生即开始在大脑中发育的能力。所以，从婴儿出生起就多和他说话对其语言发展至关重要。婴儿首先要学习单词的含义（即理解），然后才能用这些单词说话（即表达）。

下文列出的信息可以说明婴儿出生第一年理解能力和表达能力是如何发育形成的。

理解能力发育

0~6月龄

- 有人和他说话时，他会短暂地瞥一眼说话人的脸
- 通过微笑表示他愿意注意某事
- 对环境中的声音做出反应
- 对声响做出回应并将身体转向发声源
- 将物品放入口中

6~12月龄

- 开始理解最多50个单词
- 能对事件进行预判并会玩耍
- 能摇晃/撞响玩具
- 寻找视线之外的物品/人
- 开始对自己的名字有反应
- 能理解非常简单的指示，比如"过来"

表达能力发育

0~6月龄

- 用不同的音调和音量发声
- 微笑和哭泣
- 开始发出咿呀声
- 发出单调的声响，比如咳嗽声和打喷嚏声
- 能发出咕哝声并且大声笑
- 咿呀说话时能发出"妈妈""爸爸""它它"之类的重复性声音

6~12月龄

- 开始具有请求、拒绝和评论意愿
- 能发出更多声音并且能同时发出不同的咿呀声
- 尝试模仿面部表情
- 寻求关注
- 能够应付对答式交流
- 尝试说一些有意义的单一词汇，但是有些发音并不完全准确——比如，会把"车"说成"佘"

言语能力

言语是与言语有关的肌肉运动发声的结果。人类也用这些肌肉进食和饮水。人体最开始只能做非精细化的非协调动作，

然后随着神经不断发育，各种动作才会变得精确而协调。言语是身体完成的最为复杂的一系列动作之一，需要至少100块肌肉进行快速精确的协作。最初，头部、颈部和躯干的运动由反射控制（比如，进食时做出的吸入－吞咽－呼吸动作），最终变成协调的自主运动（比如，说话）。婴儿出生第一年会在探索嘴巴功能的过程中加强力量和协调能力，进而最终能够自如地说话、进食和饮水。经过几年的发育，孩子才能精确地发声并且说出单词。

下文列出的信息可以说明言语运动发育之前和言语运动发育过程所需的时间。

倾听和理解能力

0~3月龄
- 会因为很大的声响而受到惊吓
- 有人对他讲话时能无声微笑
- 似乎可以认出家长的声音
- 听到声音后会加强或减弱吸吮动作

4~6月龄
- 把目光移向发声方向
- 对家长声音的变化做出回应
- 注意发声玩具

7~12月龄

- 喜欢玩藏猫猫之类的游戏
- 向发声方向扭身查看
- 有人对他讲话时能倾听
- 识别常用词,比如"水杯""鞋子""书本"或"牛奶"
- 开始对指令做出反应(比如,"请过来"或"你还想再要一些吗?")

会话能力

0~3月龄

- 发出愉悦的声响(咕噜声、嘟哝声)
- 用不同的哭声表示不同的需求
- 看见妈妈会微笑

4~6月龄

- 发出许多不同的咿呀声(包括"泼""波""呢"),听起来更像言语了
- 咯咯笑和大声笑
- 激动和不悦时会发出声音
- 独处时以及和家长一起玩耍时会发出咕噜声

7~12月龄

· 发出一组长短不一的声音，比如"塔塔""啊噗啊噗"和"哔哔哔"

· 为了获取别人的持续关注而发出说话声或非哭声似的叫声

· 使用手势进行交流（用挥手、举臂等动作示意家长将他抱起来）

· 模仿不同的语音

· 大约12个月大时，会说一两个单词，比如"嗨""狗""爸爸""妈妈"

帮助婴儿学习沟通的方法

面对面

婴儿都喜欢观察人脸，表情丰富且富于关爱的脸孔尤其能调动婴儿的互动情绪。尽管他们的视力有限，但从出生起，婴儿天生具有的社交能力就决定了他们最爱观看人脸而非其他事物。这是因为我们可以通过面孔将**大量**信息有意无意地传达给他人。婴儿从出生起就开始识别不同的面孔，借此了解自己的看护人到底是谁。他们开始理解不同面部表情的含义，然后开始回应并模仿这些表情。这是沟通的重要组成部分。当你做出不同的面部表情时，可能会发现宝宝的反应很有趣。

婴儿也会通过模仿他们听到的声音来学习说话。为了让你的宝宝将信息了解完整，在你和他说话时，一定要面对面地靠近他。不管你是否抱着孩子，与他之间的距离最好只有20厘米左右。这样，你才能判断出宝宝是否能看到你，因为他如果能看到便会直视你，并对你正在做的事做出回应。使用带有反向设计的婴儿车可以让宝宝面对着你，从而让他得到更多与你面对面的机会。

婴儿语

婴儿语也被称为"妈妈语"，指的是成人与婴儿说话时使用的一种音调较高且抑扬顿挫的"婴儿说话方式"。有证据表明，这样做可以促进婴儿的语言发育，因为成人以这种方式说话时，婴儿的大脑会将信息增强，进而加以学习和存储。说婴儿语时会用到许多有趣的面部表情，因此也能让宝宝的注意力保持更长时间。你会发现，孩子在一生中越能集中注意力就越能学到更多东西。为了帮助孩子发展语言能力，我们建议使用真实的单词和短语，而不是用婴儿语来编造单词。你大可不必一直这样说话，只在自己觉得自然且不做作的时候说婴儿语即可。

最好在宝宝10~12个月大前使用婴儿语。记住，这是**婴儿语**，而不是幼儿语。

婴儿的手语

婴儿手语是指用手势而不是言语来表达某个词的意义。说某个词时将手势教给婴儿可以辅助他搞懂这个词的意思。因为简单手部控制能力的发育先于语言控制能力的发育,所以宝宝在能说出具体单词前有时会先使用手势进行表达。我们不建议你一直专注于教给孩子很多手势,只在早期阶段让他借助手势进行沟通即可。在宝宝虽然理解某个单词的意思但是还不会表达的那段时间里,这些手势可以成为他的重要跳板,让他不至于因为心里有话说不出而受挫哭泣。你不必使用特定的手语,只要这些手势对你和自己的宝宝有意义就够了。你还要把这些手势的意思告诉其他看护人,这样他们就能理解你的孩子想要尝试沟通什么了。

我建议教给小宝宝以下内容:

- "向上"——食指向上指
- "想要"——掌心向上伸出手
- "喝"——假装手握水杯移至嘴边
- "吃"——用手指假装捏着葡萄干移至唇边
- "停止"——将手向外伸出,做出"停止"的手势
- "完成"——双手握拳在胸前交替转动

叙述性的语言

你可以在白天为宝宝叙述他感兴趣的事物,帮助他开始理解单词背后所要表达的感情、物体、人物和经历。最佳方式是与孩子面对面讲话,即使你不在他身边,跟孩子聊聊他周围发生的事仍然很有帮助。你的宝宝必须先在有意义的语言环境中学习单词的含义,之后才能开口说话。即使你不确定孩子到底想要什么,也可以把你猜测的结果说出来,因为他很喜欢与人说话。关键是要找出他的兴趣点,并说出你认为他想要表达的意思。

以下是一些简单的例子,可以帮助你的宝宝了解某些表示情感的单词背后的含义:

- 婴儿累了开始哭闹,家长对孩子说:"哦,你累了。让我们准备去睡觉吧。"
- 婴儿饿了开始哭闹,家长对孩子说:"我听到你哭了。你是觉得饿了吧。让我们喝些奶吧。"
- 婴儿因为家长给他挠痒痒而大声笑,家长对孩子说:"哦,这很好玩吧!你觉得开心吧!"
- 婴儿为了博取关注而哭闹,家长对孩子说:"你觉得很无聊吧。想让爸爸陪你一起玩吗?"
- 婴儿因为被陌生人抱起而大声啼哭,家长对孩子说:"你很生气吗?你想找妈妈。"

下面两个例子可以教会孩子理解代表事物和人物的词语：

- 家长在婴儿玩拨浪鼓时对他说："你正举着一个拨浪鼓。"
- 婴儿正在看着妈妈的脸时，家长（妈妈）对孩子说："你正看着妈妈呢！"

下面两个例子可以教会孩子表达不同经历的词语：

- 家长在给婴儿换尿布时对他说："你拉粑粑了，我正在给你擦屁股，都擦干净啦。爸爸正在给你穿干净尿布哦。"
- 婴儿坐在推车里出门散步时，家长观察孩子目光注视的地方然后对他正在看的事物进行评论。家长对孩子说："我们正坐在婴儿推车里散步。你正看着很多树。一辆汽车刚刚从我们身边经过。"

咿呀学语

听婴儿发声是最可爱、最有趣的经历之一，它代表着你家孩子又达到了一个重要的生命发育里程碑。婴儿最早学会使用嗓音的其中一个方法就是咿呀学语。婴儿1岁前的咿呀学语始于不协调的随机发声，进而演变成早期的各种发声和重复发声。咿呀学语是婴儿探索并加强说话能力的途径。除了我们讨论过的有意交流之外，婴儿的咿呀学语会在他长到6~12个月大时变得更加精确连贯。

帮助婴儿咿呀学语的建议

促进婴儿咿呀学语是鼓励他共享交流和互动的极佳方式。当你模仿宝宝的咿呀之声时，会让他觉得自己很棒，进而想说出更多的话。他也在学习如何保持注意力、进行模仿还有话轮转换，所有这些都是重要的社交技能。

你可以通过简单重复及模仿宝宝的咿呀之声来促进他在学语过程中的互动性，比如：

> ·婴儿说："啊哇"或"妈妈妈妈"。
> ·家长面带微笑地看着婴儿然后说："啊哇"或"妈妈妈妈"。

下面是帮助婴儿咿呀学语的一些其他建议：

> ·在日常生活中需要面对面的场景下，比如吃饭、换尿布或拥抱时，模仿孩子的咿呀学语。

> ·向宝宝提些简单的问题，并对正在发生的事情进行评论，这种方法可以很好地吸引孩子的注意力并为他提供咿呀学语的机会。
>
> ·在孩子咿呀发声时，停顿片刻再去模仿他。在话轮转换过程中稍作停顿，可以为宝宝接着说话或互动创造广阔的空间和机会。
>
> ·一旦你的宝宝一直嘟哝同一个声音，你就可以变换一个发音，这样他就能学会新的声音了。

"抢先一步法"

此方法是要你将孩子接下来要学的那个词添入谈话内容中，这有助于孩子说出实际的单词而不仅仅只知道它们的意思，比如，当你和孩子叙述某件事或模仿宝宝咿呀学语时就可以用到这个办法。但是，**只有**当他开始根据语境使用词汇时，你才能使用这个方法。这和促进婴儿咿呀学语的方式是一样的，只是你现在可以用词汇代替咿呀之声了。一旦你听到宝宝结合语境使用某个词汇时，就可以根据他的兴趣点将事物的名称告诉他，进而教会他一些新的单词。

比如：

- 婴儿看到一只狗。
- 家长对孩子说:"狗。"

一旦孩子可以轻易使用这个词后,你就可以在重复他的话时多添上一个词。比如:

- 婴儿看到一只狗后毫不费力地快速说出:"狗。"
- 家长对孩子说:"是的,黑狗。"

一旦他很容易用两个词后,你就可以在重复他的话时再多添上一个词。比如:

- 婴儿看到一只狗后毫不费力地快速说出:"黑狗。"
- 家长对孩子说:"是的,大黑狗。"

你可以在接下来的日子里一直这样做,进而帮助孩子扩大词汇量,但是要不了几年,相信他就会非常讨厌你重复他说的话了。

第五章

照顾好宝宝，先照顾好自己

直到你真正有孩子前都无法意识到照顾孩子到底是多大的工作量，在此之后，持续的喂养和睡眠不足定会让你觉得痛不欲生。

如何有效挤出休息的时间

整日整夜都和小婴儿待在一起，时间会显得漫长而孤独，特别是你的另一半销假回去上班时，这种感觉尤其如此。一些基本的做法会给你带来切实的帮助：

- 每天早晨起床后第一件事就是去洗个澡，然后让自己穿戴整齐。
- 每天早晨要吃早饭，保持体力充足。
- 婴儿出生前几天和前几周，要限制探视者数量，要学会拒绝别人，并且不要为此有心理负担。

- 等你和宝宝都能有时间小睡片刻后，就每天出门去散散步。
- 和朋友约好去喝杯咖啡或吃顿午餐。
- 请亲戚过来帮你照看宝宝，好让你借此机会去做个头发。
- 宝宝休息时你也跟着休息一下。
- 偶尔在晚上和另一半去约会。让你信任的人帮忙照顾宝宝，然后出去吃顿饭或看场电影。你会发现暂时告别日常劳作放松回来后整个人都感觉超棒。

有些事情，可以让家人来帮忙

你家头胎宝宝出生后，可能孩子的祖父母（外祖父母）和其他亲人都会自告奋勇想要帮你照顾宝宝并且完成各种家务。如果你成长于人口众多的大家庭，很可能会喜欢大家的陪伴与关注，但对有些妈妈来说，特别是在初次进入父母角色并且慢慢了解孩子的过程中，身边经常有别人会让她们感到很大的压力。

祖父母（外祖父母）愿意付出无条件的爱并在孩子的生活中发挥关键作用，最终还可能会在你回去工作时帮你照顾尚处于婴幼儿阶段的孩子。当然了，这在很大程度上取决于你与自己父母以及公婆的关系。如果你对家人提供帮助的程度感到不满（觉得他们帮忙太多或太少），可以考虑和他们沟通一下这个问题，甚至还可以用笔写下你真正需要帮忙的地方。

我家老大出生那会儿,他的爷爷奶奶已经退休搬到外省去了。这时,距离他俩上个孙子出生已经过了十好几年,我婆婆迫切希望自己能在照顾现在这个只有6周大的孙子时起到主导作用,即便她只是暂时来我家拜访也是如此。只要我儿子一睡醒,她就会立刻扑过去抱起孩子,但几分钟后,宝宝就开始哭了,因为他真的很饿。这让我觉得压力很大,但是她难得过来看望孙子,我也不好说太多话。

　　一天下午,隔壁房间里的小戴维被奶奶抱着一直哭个不停,我听见公公对她说:"我觉得你该把孩子还给他妈妈。"她却回答道:"有什么事只有孩子妈妈能做到而我做不到的?"听到这话,真是让我大吃一惊。我知道,多年前,为了让嫂子好好睡觉,她曾一晚接一晚地安抚过因为"绞痛"而彻夜哭闹的长孙,于是,我就由着她这样做了。但是几分钟后,我还是把自己的孩子从她怀里夺了回来!

安

有的问题,妈妈群里解决一下

　　妈妈群是在社区范围内建立的,通常由当地妇幼保健院护士或你所在省的同类护士负责组织。该群体对初产妇和她们的孩子开放，致力于教育新手父母有关婴儿出生前12个月所面临的育儿问题，比如婴儿喂养、安全、睡眠和安抚，以及社区活动等。妈妈群活动时，你可以结识居住地的许多妈妈，很多还能成为一生的挚友。在许多情况下，从妈妈群活动就开始在一起玩耍的孩子，往往也会进入同一所幼儿园或同一所学校，成为终生的朋友。

如果你觉得自己还没准备好要参加妈妈群活动，如果你的宝宝确实很难哄好，而且你自己也没有信心参加这种活动的话，就等孩子再大点儿（也许长到3个月大时）再加入也不迟。我认为带着更大、更安稳的孩子参加活动比带着一个只有2~3周大哭闹不停的孩子要好得多。等你对自己的孩子有了足够的了解，并且已经熬过了那些不眠之夜，已经准备好要参加并享受这种小组活动时，再自信满满地带着你的小家伙去活动就可以了。

乳房护理

每对母婴都是与众不同的，所以我得确保自己所做的工作要适用于具体特定的每对母婴。一些妈妈奶量充足，所以她们的宝宝更容易吃饱，更容易增加体重，也更容易安睡；而另一些妈妈的奶量可能很少或是出奶速度缓慢，所以她们的宝宝除了母乳喂养外还要额外补充能量。

治疗乳头疼痛

有些妈妈哺乳时会感到剧烈的疼痛，刺痛感会从乳头一直蔓延到整个乳房，两次喂奶间歇期都可能一直疼痛不止。理所当然的，有些妈妈甚至一想到要给孩子喂奶就觉得心理压力很大。

对于一些女性来说，挤奶可以减轻这种痛苦，婴儿仍然可以喝到母乳，但却不能算是长久之计。如果你的乳头很疼，可以在每次疼的时候使用下面介绍的这种简单的方法来缓解。它至少能让你减轻疼痛，甚至在某些情况下还能让疼痛彻底消失。

> ·张开手掌，把手紧扣在胸前，将乳头置于手心正中央。
>
> ·然后慢慢用力，用手掌把乳房压扁后保持50~60秒。这样疼痛就会减轻，有时甚至还能完全消失。

乳腺炎的处理

乳腺炎是妈妈们在哺乳期可能发生的一种乳房感染现象，通常会从乳头裂口开始不断扩散蔓延。但是，发病原因也可能是由于婴儿在吮奶时并未把乳头吸吮到舌根部，而是多次反复松口或咬住乳头造成的。并不是所有人都会患上乳腺炎，但是有些妈妈很不走运，会反复出现乳腺炎症状，特别是她们的乳房里涨满奶水或者她们按摩或揉搓自己的乳房时更容易造成乳腺炎。患上乳腺炎非常难受，而且病程发展得很快。

了解乳腺炎的病兆很重要，这样你就能早点对症治疗了。最初的症状通常包括头痛、喉咙痛、乳房皮肤发红发热。除此之外，你还可能出现流感样症状，如潮热、发抖、颤抖和全身不适。这些感觉在几分钟之内就会出现，而且你很快就能知道自己生病了。一旦见到乳房上有红斑，请立即就医，尽量不要延误病情。

你得服用医生开具的止痛片、消炎片和抗生素，不要吃别人推荐的药品。

患乳腺炎非常痛苦，但你还得坚持给宝宝哺乳。即使你觉得很不舒服，乳房疼痛，也得继续母乳喂养，因为乳汁需要不断流动。重要的是要让婴儿吮吸患有乳腺炎的乳房，进而确保乳汁能一直流动起来。不要只用单侧乳房喂奶，因为大脑无法区分何时让乳汁流出，所以它会指挥双侧乳房都充满奶水以备哺育后代。

患乳腺炎时不要按摩乳房或进行热敷，虽然这是一些医生鼓励的常见做法，但依我的经验看，按摩乳房实际会令病况变得更糟。与这种做法不同的是，你可以穿上紧实的无钢圈文胸，对症服药，并让婴儿吮奶。将干净且凉爽（放入冰箱）的卷心菜叶敷在乳房周围可以有效缓解疼痛。你或许得先把菜叶上的大块叶脉撕下去，好让菜叶更加贴合乳房。

一旦开始服用医生开具的抗生素和抗炎药物，你就能在 24 小时内有所好转。如果感觉不到任何变化，请你立即就医或去当地医院，因为乳腺炎可能形成脓肿，令你感到极度不适。请相信你的身体，如果感觉不舒服了，就大声说出来并且寻求帮助。

喂奶时手腕疼痛该怎么办

有些妈妈的手腕会遭受剧痛——不仅在妊娠期可能会患上腕管综合征，在产后还可能患上狄魁文氏症候群（即狭窄性腱鞘炎）。这种腱鞘炎是一种非常疼的手腕发炎症状，通常由重复性动作导致。说起重复性动作，抱婴儿、喂奶，料理婴儿的一切事宜并且抱着婴儿各处走动，相信应该没什么比这些动作的重复率更高了。狄魁文氏症候群会因为大拇指近手腕侧的肌腱发炎、压迫神经而引起疼痛。最好的应对办法是让手腕得到休息，但是有孩子后根本不可能做到这一点。你可以在手腕上打夹板以帮助手腕固定并且减少痛感。如果疼痛继续，你可以去看一下手外科医生。

如何防止腹直肌分离

令人惊讶的是，大约 2/3 的母亲会因为妊娠而出现一定程度的腹直肌分离现象。腹直肌从外观上看就是妊娠期上腹部隆起的脊状肉以及分娩后腹部松弛耷拉的赘肉。这通常是不可避免的，因为腹部肌肉需要适应胎儿的不断生长，然而，有些办法可以防止分离情况进一步恶化。随着腹直肌不断伸展，连接两块肌肉之间的结缔组织就会发生些许分离，也就是"六块腹肌"中间连接的那个位置。向前屈体时，这种分离会在腹部中间位置形成一条看似沟槽的缝隙，通常被称为腹直肌分离症，致病原因包括激素变化和腹壁虚弱。

结合盆底肌锻炼，理疗师指定的特定核心强化运动有助于预防腹直肌分离现象。如果能学会恰当的姿势和动作，普拉提和瑜伽也有助于加强腹部深层肌肉力量。

需要避免的运动

要避免任何增加腹部压力的动作，比如，在盆底肌肉能支撑向下压力前就用力排便或剧烈咳嗽。除非健康专家特别规定，诸如仰卧起坐这类会使脊柱弯曲或使六块腹肌弯曲的锻炼都应避免。至于那些减肥和健身训练营或高强度间歇训练班，如果得不到受过训练的专业人员指导，实际上可能会加剧腹直肌分离情况，并可能随着时间的推移导致其他的并发症。

逐渐恢复性生活

你又能开始过性生活了！

建议你等恶露彻底排完并在产后 42 天接受完产科医生的

检查后再与另一半恢复性关系。如果产后接连几周你都不想再过性生活也不必感到太过惊讶。通常情况下，不论是阴道分娩还是剖宫产后，你都会觉得非常焦虑和脆弱（这个理由十分具有说服力）。而且，你的身体也很疲惫，可能会谈性生活色变！你会一头栽在床上和衣而睡，然后宝宝一哭就把你叫醒了！有些女人最终一想到性就会有些担心并且加以回避。

当我还是年轻助产士时，一位年长的产科医生告诉我说阴道是一处"不太记仇"的人体部位。你需要给自己时间来好好愈合，好好休息，等到恰当的时机，多用一些润滑剂，你就可以试着让自己放轻松并且好好享受性生活了！

泌乳素的物理作用会导致阴道干涩，进而使性生活变得非常痛苦。此外，哺乳期妇女还可能会在做爱的过程中漏奶。这些都会破坏浪漫的情调，不是吗？一切都慢慢来，不要着急，你也不想让自己的阴道受伤吧。但是，如果你觉得太疼了，可以去让产科医生检查一下是否因为阴道分娩而造成了身体组织上的病症。

关于恢复性生活的主要建议如下：

- 把宝宝喂饱哄睡
- 放轻松
- 一切都慢慢来
- 随手准备好一瓶方便私处润滑的润滑液
- 尝试不同的体位

不迁怒于孩子的好办法

由于分娩后睡眠不足和遇到各种困难,甚至是因为难产,有些妈妈会对自己的孩子发火——尤其是孩子一直哭闹,不好好睡觉和吃奶时更是如此。对于新手妈妈来说,这段时间确实是孤独混乱的艰难时期。很多人告诉我们说育儿体验超棒,我们会永远爱自己的孩子,还经常有妈妈在社交媒体上发布自己身材苗条、开心快乐的照片,她们个个都面带微笑,穿着考究,身边的宝宝还都吃饱了乖乖睡着觉。在初为人母的前几周,大多数女性都会在某个时刻觉得自己无法胜任母亲的角色。如果你的情绪出现了问题,最好趁孩子还处于育儿早期的幼年阶段就赶快去接受心理治疗。

在你要迁怒于孩子时,最好把他安全地放在小床里,然后走开多做几次深呼吸,也可以给好友或另一半打个电话,疏解一下愤懑的情绪。记住,婴儿并非故意想要惹你不开心或是生气,他还没有发育出能够故意气你的能力。但是,如果他一直不停哭闹,外加你又睡眠不足的话,就真能把你逼疯了。请随时寻求专业人士的帮助。不要因为尴尬或害羞而隐瞒自己的真实感受,放心大胆地将你的感受告诉别人并寻求帮助吧。

如何避免育儿过程中产生焦虑

论及育儿,我们总是偏重探讨身体方面的问题,往往很少关注心理方面的问题。育儿过程中产生焦虑情绪在所难免,尤其是在荷尔蒙失控、睡眠极度缺乏的早期育儿阶段——但是重要的是，我们至少应该探讨一下是什么因素影响了我们为人父母的早期生活。我认为，女性在妊娠期和早期育儿过程中情绪脆弱是因为我们常常在孕育胎儿时变得非常情绪化，紧接着分娩完开始初为人母并要为自己的孩子提供保护时，又会偶尔变得缺乏理性。

通常情况下，你最好按照自己的想法找出适合你和你家孩子的育儿之道，并以你认为最恰当的方式去回应自己的孩子。如果听信太多人的建议，你就永远无法摒除这些混乱的信息进而找到自己的育儿方法。但请记住，你可以从身边得到很多帮助的——比如，由当地市政服务机构管理的妈妈群和幼儿园都可以为你带来良性帮助。

在你周围看看能否找到一位你能与之融洽相处的专业人士。如果你在妊娠前患过焦虑症和（或）抑郁症，一定要告诉你的全科医生、产科医生或助产士，以便安排妊娠期的治疗。此外，在婴儿出生前几周进行一些后续的治疗也很重要。除了接受专业医务人员的治疗外，你可能还需要在妊娠期以及孩子处于婴幼儿阶段时继续接受药物治疗。

在育儿过程中患有普遍性焦虑症的人往往会过度焦虑并且担忧自己的健康。这种担忧每天都在发生，可能一整天都挥之不去，既扰乱了妈妈的社交活动，同时也给育儿工作和家人造成了困扰。成人患有焦虑症会出现以下症状：

- 心神不定
- 持续性疲劳
- 注意力分散或头脑一片空白
- 敏感易怒
- 睡眠困难——头昏脑涨、无法入睡,即便非常疲惫也只能短睡

第二部分

出生六周后

第六章

出生七至八周

婴儿喂养

在婴儿出生前8周里,乳汁[母乳和(或)配方奶]是他唯一的食物。

要想让宝宝健康快乐,你需要不断喂他吃奶。婴儿出生前几周的食量会令新手父母们大吃一惊的。仔细想想,12个月后你家宝宝就会从出生第一天约重3.5千克的新生儿变成重达12千克~15千克满屋子走走跑跑的幼儿了。让宝宝长成健康活泼的幼儿的唯一方法就是让他大量喝奶。

不论婴儿出生时的身形是大是小,出生后都非常饥饿。你不会把婴儿喂撑,但却**可能**让他吃不饱。正如我在第二章里提到的,专业医务人员会告诉那些被诊断为绞痛、胃液反流及过敏症的婴儿母亲,说她们"错误限制了婴儿的食量"。这些婴儿**实在是太饿**了。你一定要让你的宝宝吃饱!

产妇分娩后住院的 3~4 天里，会有训练有素的助产士为其提供初衷良好的建议，但问题是他们的建议只适用于这几天。随着婴儿不断成长，逐渐从休眠状态中清醒，他们的吃奶和睡眠模式就会随之发生变化，届时，这些建议就不再适用了。相信我，6~8 周大的婴儿与 1~3 周大的婴儿是迥然不同的。我们的目标是实现长期的母乳喂养，所以从婴儿出生前几周起我们就得把事情捋顺，这样你才能有信心继续坚持哺乳。

遗憾的是，新手家长往往会回顾他们住院那几天学到的育儿技巧，并在出院回家后继续延用这种方式来照顾孩子。我经常能见到家长们这样做。

婴儿喂养不足的危害

我给一位新手妈妈做过一次私人咨询，她家宝宝当时只有 5 天大，出生时的体重约为 2.8 千克。时值墨尔本的夏天[1]，小家伙只穿着一件小背心和尿布——他既没穿袜子和上衣，也没包着裹布。家长一定要注意别给宝宝穿得太少，特别是像我现在提到的这个宝宝一样出生体重比较轻的婴儿。这一代妈妈都深谙预防婴儿猝死综合征的指导方针，所以很注意不让孩子过热，

---

1. 墨尔本位于亚热带与温带交叉地带，终年多雨，属于温带海洋性气候。春季平均气温为 14℃~24℃，夏季平均气温为 8℃~16℃，秋季平均气温为 9℃~18℃，冬季平均气温为 14℃~24℃。

但我现在经常看到很多宝宝其实穿得太少。只有家长给婴儿穿上全套衣服，然后再盖上三四条毯子才会把孩子捂坏。我一直热衷于推荐家长给新生儿穿上小背心、尿布、连体服并包好裹布，这种着装四季皆宜。

这位妈妈因为宝宝一直哭而担心不已，而且他从出生第一天起尿量就不多。凭借丰富的经验，我一眼就能看出婴儿的发育是否符合生长百分比对照表——也就是说，我能知道婴儿是否存在喂养不足的现象。这个小家伙的身形又长又瘦。我建议他妈妈一边和我聊着一边给孩子喂奶。她看着我说："好吧，但是我几个小时前才刚刚喂过奶呢。"宝宝一直未能正确含接乳头，这意味着他根本无法顺利吸吮乳房并且吃到任何奶水，而这位妈妈的乳房从分娩后也没有过饱胀感。

我看到这个孩子既吃不饱也穿不暖，感到非常忧心，但是要向新手妈妈解释我的顾虑却一直都很困难。根据我的经验，身材高大的家长所生的宝宝更容易感到饥饿。因此，我对她说："你知道吗，如果家里有亲属身材比较高大，宝宝就可能需要多吃几次奶。"事实上这个宝宝的父母双方亲属里确实都有身材高大之人。

宝宝没精打采的样子也让他妈妈很担心，因为他的尿里有很多尿酸盐（尿酸盐是由尿液中的钙和尿酸钠结合形成的晶体）。这些晶体会使尿布沾上橙红色的污渍。任何婴儿都能排出尿酸盐，但是婴儿脱水时尿液浓度更高，就更可能排出尿酸盐。如果出生前几天婴儿摄入母乳和（或）配方奶的数量不足，就很容易通过尿液排出尿酸盐，说明他需要继续喝奶。

这个婴儿比出生时的体重减轻了大约13%。因此，我们打算在接下来的24小时给他喂食配方奶粉，同时让妈妈将母乳挤出来，以方便日后继续哺乳。24小时内，宝宝每隔2~3小时喝一次配方奶，最后终于畅快地排了一次小便。他每隔两小时要喝下40~50毫升配方奶。两周后，这个小宝宝的排尿情况恢复了正常，还长了不少肉。但是他妈妈经过百般尝试也不能很好地分泌乳汁，所以便继续进行配方奶喂养了。他现在很健康，日后也定能茁壮成长，但对于他的爸爸妈妈而言，初为人父人母确实开局不顺。

在婴儿出生前8周里，你要让他大量摄取乳汁。如果在医院和回家后你的宝宝总是在两侧乳房之间反复不断吸吮，而你又觉得好像总也喂不饱他，就是时候给他喝些配方奶了。每位妈妈乳房里的乳汁都不一样多，而且有时需要几周时间乳汁才能顺畅分泌。最初妈妈乳房里可能真没有50毫升乳汁来喂饱饥饿的宝宝，男婴尤其如此！

正如我在《出生前六周》里提到的，婴儿需要食物、爱和温暖。我建议婴儿每次吃奶和睡觉时都能包好裹布，特别是在出生前8周这段时间里。在此之后，我建议家长给婴儿喂奶时解开裹布，但是每天白天或晚上喂完奶要让他准备睡觉的时候除外。

母乳喂养

至少需要6周时间，母乳喂养才会变得顺畅，母婴之间的亲密纽带也才能建立完成。等你家宝宝长到7~8周大时，哺乳就能变得非常顺畅了。对母婴双方来说，母乳喂养既方便实惠，又是一段美妙的经历，一旦母婴配合好就会变得非常容易。

然而，如果妈妈的奶水不足，确实对此无能为力。没有药片、食物、饼干、药物混合剂或草药可以增加母乳产量。但是，你可以尽量坚持母乳喂养，然后再给宝宝额外补充些配方奶粉。不要在母乳喂养的同时还将奶水用吸奶器或用手挤出来，因为这样做只能把乳汁挤出乳房而不会增加母乳产量。母乳不足的妈妈往往更加执着于泵奶，但是从身心两方面考量，这种做法都不能当作长久之计。只有在婴儿生病或早产的情况下才需要把母乳挤出来。

挤出母乳

当母婴双方因为疾病、体重过低或早产而分开时，用手或吸奶器挤母乳是维持泌乳的唯一方法。

即便如此，吸奶器依然是妈妈们"必购"清单中的首选商品，而且如果你在妇产科病房四处转转，就会发现几乎人手一台吸奶器。新手妈妈们其实完全没有必要从产后第一天就开始使用吸奶器。一位妈妈告诉我说她阴道分娩很顺利，分娩不久就在产房开始哺乳了。但让她颇为意外的是，正在她喂孩子吃奶之际，其中一位助产士走过来开始用手给她的另一侧乳房排奶。这种做法真让人难以置信。我们需要耐心等候女性分娩后身体自行发生的变化。新手妈妈需要花时间开奶并且学会如何哺乳。助产士应该与新生儿母子待在一起，教会她相关的技巧，进而帮助婴儿顺利含接乳头吮奶。不要让吸奶器妨碍母婴原本应该相处的时光。

妈妈们完全不用挤奶，可以直接给孩子哺乳。我所护理的那些从不用手或吸奶器挤母乳的妇女都实现了长期哺乳。每天挤奶只会令你平添忧虑。助产士们告诉这些妈妈说要想达到某一产奶量，她们就必须经常用手或吸奶器挤奶，所以她们本该好好拥抱并关爱成长中的宝贝，却把自己和吸奶器拴在了一起。让大脑按照大自然的本意去完成泌乳工作吧，你只要尽情享受与宝宝在一起的时光就好了。一定要有耐心。

如果产下健康宝宝的妈妈经常挤奶，她的产奶量就会逐渐减少，之后必定会认为自己奶水不足，进而可能放弃哺乳。

配方奶粉

我之前已经介绍了如何冲调配方奶。

选择母乳还是配方奶？

在我与母婴一起打交道的40年工作历程中，会对每一位想要母乳喂养的妇女表示支持和鼓励，因此我清楚每位妇女的哺乳方式都是不同的。遗憾的是，妈妈们在产前知道的那些信息会让她们觉得母乳喂养是件轻而易举的事，实则不然！要想成功哺乳，你要得到大量的支持和教育，并且要有足够的耐心。女人有时会想认输，然后就此打住不再哺乳，但只要有正确的支持、鼓励和关怀，新手妈妈其实完全可以克服这些看似难以逾越的障碍。当妈妈们感到疲倦、酸痛、缺觉，并且觉得哺乳不顺利时，恰恰是那些本应为她们带来支持的家人、朋友或是她们头脑中回荡的声音告诉她们应该放弃。

从另一个角度看，如果你不能或不想哺乳，也不要感到内疚。

我们知道绝大多数妈妈都想哺乳，但是如果她们遇到了麻烦或者得不到持续的支持（特别是来自另一半的支持），就会放弃哺乳而改用配方奶喂养孩子。新手妈妈们从医院和社区里获得的各种信息，造成了家长接新生儿回家后母乳喂养率的骤降。

我知道并非所有女性都能或是想要实现纯母乳喂养，而且婴儿出生早期使用奶瓶喂食配方奶并不妨碍母乳喂养，事实上，我的病人后来给孩子哺乳了更久时间（大于等于 12 个月）。我相信这肯定应该归功于这些妈妈的另一半在参与洗澡－喂养－睡眠习惯训练时会在每天晚上给宝宝喝一瓶配方奶。

以前做过乳房缩小术或植入假体这类乳房手术的女性也不能很好地泌乳。她们开奶后虽然可以开始哺乳，但是会发现自己的乳汁不够喂养正在成长的宝贝。我建议那些做过乳房手术的人不要奢望纯母乳喂养。以我的经验，她们每次哺乳后绝对需要给婴儿再额外提供一些配方奶，尤其是在孩子出生 6~10 周的时候。起初，她们还能用母乳满足婴儿的需求，但是随着婴儿不断长大，她们就得用上一些配方奶粉来满足婴儿不断增加的食量了。这样做意味着孩子不必处于饥饿状态中，进而让她们也可以哺乳更久时间。

我所护理的妈妈们会在晚上给婴儿洗澡后遵照习惯训练法给孩子喝一瓶配方奶，这并不影响她们泌乳，我可以很自信地说，她们更愿意将母乳喂养持续更长时间，这对母婴双方都是一种美妙的双赢结果。

现在社会上都提倡**母乳喂养**，因为大家都知道母乳确实是婴儿的最佳食品。但是，这并非是说母乳喂养是新生儿获取乳汁的唯一途径。

最好的喂养方式是不让宝宝挨饿[1]，这种观点也很正确。它为那些不能或不想母乳喂养的女性带来了福音，让她们可以从容面对婴儿出生前几天或几周的早期育儿生活，自由选择到底是采用纯母乳、配方奶还是混合喂养。但是，如果婴儿出生后没能尽早使用奶瓶，就有可能会拒绝使用奶瓶，这时如果你又奶水不足的话，就可能会导致包括厌奶在内的很多问题了。而且，如果你在给孩子断奶前就重返职场，孩子拒用奶瓶就会成为一个棘手的麻烦。

只要家里的妈妈是幸福快乐的，所有家庭成员都能从中受益。

---

1. 这是一家非营利性小型组织"自然喂养"基金会（The Fed Is Best Foundation）提出的口号，该组织提倡"婴儿永远都不应该遭受饥饿而妈妈们也应该有充分的自由选择一种安全的喂养方式，可以是母乳喂养，配方奶喂养或者混合喂养"。

饥饿的婴儿

饥饿的婴儿会一直醒着大哭，嘴巴张开左右摇头，想要找要到乳头吮奶。他虽然身体无恙，但却非常饥饿。饥饿的婴儿需要摄入乳汁，或者如果他已经直饮母乳很久的话，就需要补充一些配方奶了。给他喂些奶喝，你会发现宝宝喝饱后会变得截然不同，能安然入睡了。

不要用安抚奶嘴替代奶水，因为安抚奶嘴不能为婴儿提供能量。虽然婴儿用力吮吸安抚奶嘴或许可以得到安慰并且能让他少哭一阵子，但却无法令他获得任何生长所需的食物，也无法令他平静下来最终安然入眠，更无法令他变成茁壮成长的快乐宝贝。只有等宝宝喝饱奶后才能用安抚奶嘴哄他睡觉。

婴儿的体重

超过 1 周大的婴儿如果喂养良好，每周应该增重 100 克～150 克。有些婴儿每周增重少一点，有些则多一点。只要婴儿体重能持续增加并且符合生长范围百分比就不必过分担心。

如果妇幼保健护士给你家宝宝称重时发现宝宝每周体重的增幅不太稳定，对此你也不要感到惊讶，因为根据年龄和活动量不同，每个婴儿每周体重增量也会有所不同。母乳喂养或是配方奶喂养的宝宝不可能增加太多体重。如果你发现用配方奶或母乳喂养的宝宝身上长着很多肉褶也不要太担心，等孩子会到处跑时自然就能消耗掉身上这些多余的脂肪。

但是，如果你家宝宝的体重一直在减轻，就要找专业医务人员给孩子检查一下了。

生长发育

用宝宝健康手册中的生长百分比对照表可以对同年龄同性别孩子的体重、身高和头围进行比较。医生或妇幼保健护士可以据此评估你家宝宝的生长发育情况。

根据生长百分比对照表比较 100 名同龄孩子，如果某一婴儿的体重位于 1/10 位置，意味着 90% 的同龄婴儿比这个婴儿的体重更重，身长更长。如果婴儿的身高和体重都处于 3/5 位置，说明他比其他 60% 的同龄婴儿都更高更重。

生长发育的里程碑

生长发育里程碑是指婴幼儿在生长发育过程中表现出的行为或身体技能。每个孩子的生长发育速度都不一样，所以千万不要把你的孩子与别的孩子进行比较，即便是亲兄弟姐妹之间也别拿来一较长短！翻身、爬行、走路和说话都被视为婴幼儿生长发育的里程碑。婴儿出生时具有原始动作和原始反射能力，随着年龄的增长，他们能学会不同的生存技能。等 12 个月大时，这个曾经无助的新生儿几乎就能走路并能说出两三个词了。每个年龄段的生长发育里程碑都不同。

孩子可以达到每个里程碑的时间有一定的正常范围。比如，有些孩子最早可在 8 个月大开始行走，有些孩子则在 18 个月大才能行走，但这也在正常范围之内。

为了监测孩子的生长发育情况，你可以在他幼年时带他去看妇幼保健护士或是居住省份的同类护士。大多数家长都很关注孩子不同阶段的生长发育里程碑。如果你担心自己孩子的发育情况，请咨询一下妇幼保健护士、全科医生或儿科医生。

如果家长认为孩子发育不良，密切关注检查表或生长发育里程碑的时间表可能会给这些家长造成困扰。但是，生长发育里程碑确实有助于识别出那些需要更详细检查的孩子。

游戏

适合 7~8 周大婴儿玩的游戏包括趴卧和仰卧练习。一定要在两次喂奶间歇把宝宝放在地垫上玩耍。这样做不仅可以使他消耗一些能量，还可以让他清醒过来并在吸吮完单侧乳房后舒展一下筋骨。在这之后，家长可以重新为他包好裹布，让他准备继续吸吮另一侧乳房。

很多妈妈只用一侧乳房哺乳，裹布里的宝宝很可能会在吃奶时犯困，这时妈妈便会以为他已经准备好要上床睡觉了。但是妈妈把孩子放进小床过不了 5 分钟他就会醒过来，虽然妈妈看着婴儿困倦的小脸会感到困惑不解，但一把他放入婴儿床他就会立刻醒过来。摇晃宝宝试图哄睡的循环模式就这样开启了。

典型的日间喂养程序应该是这样的：

· 把哭着想要吃奶的宝宝抱起来。他身上应该包着睡觉时用的裹布，所以你可以把他抱到一侧胸前，比如说左侧乳房那里，然后让他吃奶。等他不再用力吸吮时，即使睡着了也要让他松开乳头，接着打开裹布，让他在你身边的沙发上或地垫上肚皮贴地趴卧一会儿。

· 其间，你可以轻轻按摩宝宝的背部，这也能帮助他打嗝。他会把头抬起来从一侧转向另一侧，想要找到更多的食物。即便宝宝出生不久只能趴卧几分钟时间也没关系，因为白天他要做很多次趴卧练习呢。不要在晚上让他趴卧：晚上就应该让他吃饱奶后直接睡觉。

· 宝宝趴卧几分钟后，将他翻过来仰卧着换好尿布，接着重新包好裹布让他吸吮另一侧乳房。他现在又能十分清醒地卖力吮奶了。等你喂完这一侧乳房，其实还可以为他解开尿布，然后重复之前的步骤：喂奶－玩耍－喂奶－玩耍－喂奶－睡觉。

每个婴儿各不相同，有些可能需要4~5小时甚至6个小时的喂奶－玩耍循环程序才能去睡觉。如果你把婴儿放到床上睡觉而他不到 5 分钟就睡醒了,说明他要么是没吃饱,要么是没玩够。因此,你得把宝宝抱起来接着循环重复喂奶－玩耍步骤。

如果你喂完单侧乳房发现孩子睡着了就认为他已经吃饱并将他放进小床的话,很可能得用到安抚奶嘴或亲自安抚才能让他再次平静下来。如果你的宝宝哭了,就喂他吃奶。婴儿出生前几周需要通过摄入乳汁重新回到出生时的体重,你肯定想象不到他们的食量到底有多大。事实上,你肯定舍不得离开家去上班!照顾婴儿会用掉很多时间,给他们喂奶、换尿布、抱着他们,单是看着他们漂亮的脸蛋就能让你久久驻足。

睡眠

所有婴儿都不一样,而且婴儿们还都一天一个样。所以千万不要把你的孩子与别的孩子进行比较,即便是亲兄弟姐妹之间也别拿来一较长短。很多妈妈对我说:"我家老大可不这样。"我总会回答她们说:"想想你自己的兄弟姐妹。你们几个都一样吗?"她们会先咯咯地笑一阵,然后意识到自己的宝宝是个新出生的小人儿。小婴儿一天一个样,你今天可能刚觉得一切都能井井有条,宝宝吃得饱睡得香,心里暗想"我终于搞定一切了!",第二天可能就会乱作一团,好像天都要塌下来似的。每天都可能大不相同,所以我建议你关注孩子当下的情况并做出相应的反应,这样做可以帮你减轻很大压力。

再让我们谈谈睡眠问题，一些婴儿终日都能吃饱就睡，睡醒再吃，如此循环往复。这类婴儿并不常见，但如果你家宝宝恰巧如此，确实值得庆幸。其他的婴儿要求更高，这就是问题所在了。你得活在当下，对他做出回应，给他喂奶、抱着他或带他四处转悠，等他睡着就算是你得到的额外奖励了。当然，有些婴儿患有胃液反流，他们实际上确实不能安然入睡，所以白天的大部分时间你都得竖直抱着宝宝。

婴儿要长到5~6周大才能在晚上安稳睡觉。我认为5~6周大的婴儿应该能从晚上10点半一直睡到第二天凌晨2~3点。等孩子睡醒后，用一侧乳房喂奶，换尿布之后再用另一侧乳房喂奶。吃饱后给宝宝一个大大的拥抱再好好亲亲他，接着将他放回小床去睡觉。婴儿出生前几周可能会在夜里排便，所以你要给他换次尿布。数周之后，宝宝排便的次数就会变少，如果他在夜里不再排便就不必在喂夜奶时给他换尿布了。如果婴儿能在夜里睡得很安稳（洗澡后能睡3~4小时），就还能在早晨6~7点前睡两三次短觉。

几周之后，等你家宝宝早晨睡醒起床后，你需要鼓励他变得更加清醒，进而多吃些奶，多玩耍一会儿。许多家长不敢改变婴儿出生前几周培养起来的习惯，其实，这些习惯是需要结合婴儿的生长发育情况做出调整的。在你坚持某个已经不合时宜的习惯时，也许宝宝根本没有困意而且还想玩耍和吃奶，而你却偏要想方设法地让他去睡觉，这样做只会让妈妈们变得很焦虑。你应该鼓励孩子吃完奶尽情玩耍，如此循环往复直到他有困意为止。不要严格掐点给孩子喂奶，要按需哺乳，也就是说，如果孩子哭了，就给他喂奶吃。如果你喂完奶将他放到地上玩时他又开始哭闹或者躁动不安，就要把他再抱起来接着喂奶。你要不断给他喂奶，然后让他在地上玩耍，直到孩子觉得累了困了能一直睡觉为止。

如果你家 7~8 周大的宝宝不睡觉，你需要明智而实用的建议，那种满是噱头或流行一时的方法都是行不通的。许多未经训练的"睡眠大师"撰写的育儿书都想教会家长如何运用各种"诀窍"哄婴儿乖乖入睡。专业医务人士甚至会告诉一些只有 3~4 天大（仍在医院里）的婴儿家长"朝婴儿的耳畔发出嘘嘘声，这样宝宝就能安定下来了"。我可以确定地告诉你，这样做是错的。婴儿其实需要喝奶，而且要喝很多很多。

婴儿需要达到一定年龄和体重才能整晚安睡，通常要到 6 个月大。在婴儿出生前几天和前几周里，他的大脑正在快速发育，所以需要大量乳汁来帮助他生长。但婴儿的大脑发育需要时间，所以请你保持足够的耐心。

如果婴儿不能整晚安睡，很多人就会对孩子妈妈很刻薄，认为她们做母亲并不称职。许多"睡眠学校"都在前仆后继地等生意，参加睡眠培训课程成了每个妈妈的必经之路。我们其实应该减轻年轻家长们的压力，支持并教育他们耐心对待自己的小宝宝。

7 条帮助宝宝睡觉的注意要点

1. 婴儿 你的宝宝是与众不同的个体。他不会像你朋友家的孩子、你姐姐家的孩子、你邻居家的孩子,甚至你的其他孩子那样睡觉、吃东西、发育、玩耍、说话、大笑以及表达自己的爱。最初,婴儿会把日夜混淆,这很正常。你的宝宝不可能睡足一整天之后在晚上照样彻夜安眠。他需要在出生前6个月大量摄食才能成长。我认为不到6周大的新生儿应该在白天每隔3~4小时吃一次奶,最多在午夜后睡3~4个小时。

2. 习惯 等婴儿体重至少达到8千克~9千克或月龄达到3~4个月左右才能进行洗澡-喂奶-睡觉习惯训练。洗澡-喂奶-睡觉习惯训练法针对的是晚上,宝宝在白天通常可以进行两三次45分钟的短睡。

3. 胃液反流 如果婴儿患有胃液反流,需要诊断治疗后才能好好睡觉。婴儿出生2~3周即可确诊是否患有胃液反流:婴儿躺着会扭动身体、拱起后背、尖叫啼哭,只有吃奶和竖抱才能让他们开心起来。任何患有胃液反流的成人都能理解婴儿的苦楚以及为何患有胃液反流的婴儿会被贴上"难养型"婴儿的标签。

4. 裹布 婴儿从出生起,每次吃奶和睡觉时都应包着轻薄的大块裹布。我发明的裹布方法可以帮助新生儿获得安全感,而且家长们都很喜欢用。许多年前,婴儿大多采用趴卧睡姿,但是所有证据都表明这种睡姿可能会引发婴儿猝死综合征,我们现在都明白，让婴儿保持仰卧睡姿更为安全。当我们让未包裹布的婴儿仰卧睡觉时，会发现他很难入睡，因为莫罗反射（婴儿出生时具有的一种原始反射）会让他因惊吓而伸出手臂，这种反射在婴儿仰卧时尤为活跃。将婴儿用裹布包好可以让他觉得自己又重新回到了子宫里，进而感到安全而平静。

5. 凯瑟琳的裹布法 我的方法可以确保婴儿的双手和胳膊是弯曲着包在裹布里的（因为每个婴儿都喜欢这样睡觉），而且他的臀部和双腿是弯曲的，可以充分活动。经证明，小婴儿的双臂如果被束缚在身体两侧就会努力挣开裹布，最终伸出双臂把脸抓伤。事实还证明，把婴儿的双腿绑直会让他的髋部不能屈伸，这对婴儿是非常有害的。包好裹布是保证婴儿良好进食和睡眠的关键。

6. 食物 婴儿需要摄食乳汁，仅此而已！给你的宝宝哺乳，从一侧乳房到另一侧乳房，1小时接1小时地哺乳……你要一直这样做。你的宝宝只有吃饱后才能乖乖睡觉，在此之前，你借助摇晃、嘘嘘声、轻拍或安抚奶嘴等手段都不能让他入睡。你可能整晚都在安抚尖叫哭闹的宝宝，但他其实真正需要的是食物。如果母乳不足，可以给他补充一些配方奶。不要一直不停地泵奶，如果你的宝宝饿了，就直接哺乳。现在社会上很多人都谈配方奶粉色变，但它其实是真正专门为婴儿制作的食品。

7. 让宝宝吃着奶睡觉 奶睡未尝不可！给宝宝包好裹布然后奶睡。喂宝宝吃饱奶直到他安静熟睡后再放回床上去睡觉，这其实再自然不过了。现在社会上还有一种恐怖的说法，认为奶睡的宝宝不能自主入睡。让新生儿待在家长身边绝对无可非议，而且我要再问一次：你有别的办法吗？难道要让宝宝哭累了才睡觉吗？

夜晚的日常活动

婴儿长到 8 周大就可以整晚睡 5~6 小时了。我建议依旧在晚上 10 点开始进行洗澡－喂奶－睡觉步骤，不要在此期间尝试将洗澡时间提前。我发现很多家长都非常希望提前给宝宝洗澡，想要对他此前已经适应的习惯做出调整，但都以失败告终了。请家长们耐心一些，等宝宝再长胖点儿年龄再大点儿再这样做也不迟，一定要少安毋躁。

我们去咨询凯瑟琳时宝宝刚刚 10 天大。她向我们介绍了洗澡－喂奶－睡觉习惯训练法，没过几个晚上，我们就形成了良好的习惯。趁丈夫给宝宝洗澡时我就上床睡觉了，正如凯瑟琳说的那样，我们的儿子一觉能睡 4 个小时。但是不久之后，我们听信了很多其他的意见。妇幼保健护士说我家孩子睡觉时间"太晚了"；我父母说："如果宝宝白天不睡觉就长不好"；其他朋友说："我们从未听说过婴儿要到晚上 10 点才能洗澡的"，类似的声音不绝于耳。我们妥协了。小汤姆刚长到 8 周大时，我们就把他的洗澡时间提前到了晚上 6 点，然后晚上 7

点就让他上床去睡觉。之后从晚上7点半到9点半,我就一直得想尽各种办法哄他睡觉。那晚简直就像梦魇一般。于是,我又拿起了《出生前六周》,然后对丈夫说我们得去咨询一下凯瑟琳。我们预约了时间,然后,说真的,奇迹出现了。凯瑟琳解释说小汤姆晚上6点并未做好睡觉准备,每晚洗澡之前的6~9点得让他多做趴卧练习多吃奶。在这之后,他才能一觉睡足大约5个小时。后来,我们这么做了以后,他每晚都能睡得很好。

吉米和娜塔丽

最重要的是结合**你家**宝宝的实际情况做出回应。如果你的宝宝需要提早睡觉并且需要提前进行洗澡-喂奶-睡觉系列步骤的话,你一定能感知到。但是,给宝宝洗澡的时间每次只能提前30分钟,因为他适应不了洗澡-喂奶-睡觉习惯发生太大变化。洗澡时间提前的速度一定要放缓,这样宝宝才能拥有更好的睡眠质量。而且,一旦你能让宝宝一夜安睡可能也不太想做任何调整来打乱他的睡眠规律。有两件事会对婴儿的睡眠造成影响:一是他在非睡眠时间的玩耍时长,二是在他年龄太小而且体重不足8千克时让他过早睡觉。

通常,等婴儿长到8周大时,晚上只需喂一次奶就够了。这时,婴儿的吃奶效率会变得很高,而且往往半小时之内就能吃饱。因为他现在晚上已经不再排便了,所以没必要再给他换尿布，可以喂完双侧乳房就直接把他放回床上去睡觉。

日间日常活动

8周大的宝宝白天需要干的全部事情就是吃完奶玩耍，然后再吃奶，再玩耍，睡觉是次要的事。你会发现你家宝宝不在白天睡长觉，只能睡三四次历时30分钟的短觉。这没有什么不好的，这么大的宝宝就是如此。想方设法也要让孩子多睡觉的想法会让妈妈变得**非常**焦虑。我知道其他育儿书和专业人士都说婴儿需要在白天睡2~3小时长觉，但是应该在什么时间给他们喂奶呢？婴儿需要在白天和傍晚清醒的状态下喝奶和玩耍，一直到晚上玩耍洗澡之前都是如此，那时，他们的身体才能做好睡觉休息的准备。这对家长来说也有好处，因为你可以在后半夜需要进行深度睡眠的时候好好睡个踏实觉了。第二天，你会因为休息充足而感到精神焕发的。

啼哭

尽管啼哭是婴儿发育过程中的一种正常行为，但是如果7~8周大的宝宝大声哭闹就肯定自有理由。这个年龄段的宝宝啼哭可能是生病的征兆。值得注意的是，如果你的宝宝在任何时候发生了行为方面的变化，很可能是因为他要患感冒或有胃部不适的情况。婴儿会在感冒发病前几天就觉出身体不适，之后才会出现流鼻涕或发烧的症状。通常情况下，婴儿"没来由的"啼哭往往就是因为他有生病征兆。留心观察孩子，如有必要，带他去找全科医生检查一下。

以下是应对婴儿哭泣的其他建议：

- 检查一下宝宝是否因为拉屎撒尿弄脏了尿布。
- 喂完奶试试安抚奶嘴能否把他哄好。
- 给宝宝洗澡（白天给宝宝洗几次澡都没关系，只要这么做能让他不再继续哭就行）。
- 尽量多竖直抱着他（使用婴儿背带，这样你就可以背着他，同时还能干别的事情了）。
- 让儿科医生、全科医生或妇幼保健护士给宝宝检查一下是否身体有恙，比如胃液反流等。
- 如果你因为宝宝的哭声而变得很愤怒或焦虑，请把孩子安全地放在婴儿床上，然后走开几分钟，整理一下思绪，接着再回去重新抱起宝宝。
- 将你此刻的感受向另一半倾诉，让他接管一些照顾宝宝的工作，这样你就能稍事休息了。比如等另一半回家后，你可以洗个澡放松一下或是出门散散步。

第七章

出生第二至四月

婴儿喂养

乳汁

在此期间,你的宝宝会生长发育得很快,所以需要摄入大量食物(即乳汁)。从2月龄长到4月龄的过程中,他的食量和活动量都会随之增加,每天清晨醒来肯定都要好好喝一顿奶。

如果你采用母乳喂养,现在奶水可能已经很充足了,而且泌乳情况也很好,最初产后乳房饱胀的感觉也已经不复存在了。即便你的乳房可能很柔软很"正常",其实它们也在一直分泌着乳汁。要记住,婴儿吮吸乳房时,母亲的大脑会释放出催产素促进泌乳,进而让乳房将乳汁排出体外,所以你的乳房才会感到柔软而"正常",并不是说你"没奶了"或是奶水"枯竭了"。大自然是非常智慧的——女性身体天然注定能一直分泌乳汁(尽管我们每个人的泌乳情况各有不同),所以只有两种方法可以让你不再泌乳：一是给宝宝积极断奶，二是出于各种原因而令宝宝不再含着乳头吮奶。

生长发育

生长发育和行为发育检查是儿童保健领域的重要内容，不仅能让家长更好地了解孩子在生理上和行为上的发育状况，还能尽早发现孩子生理发育或行为发育迟滞的问题。这些问题在一定程度上是很常见的，但研究表明，尽早发现并加以干预可以带来短期和长期的正面影响。

一般来说，婴儿的发育技能可以分为4个方面：

·大动作（即身体主干和大肌肉动作）

·精细动作（即手部和较小肌肉动作）

·沟通（即具有语言与非语言表达能力和语言理解能力）

·社交能力

在下面的表格里，你将看到2月龄婴儿在上述几方面应该达到的生长发育里程碑（在后面的章节里，婴儿的生长发育里程碑表现会根据具体月龄有所调整）。当然，关于这些里程碑的关键一点,也是我试图向家长朋友们强调的,就是千万不要孤立看待婴幼儿生长发育里程碑,特别是那些过分担心孩子生长发育情况的家长朋友们尤其如此。我认为重要的是要看你家孩子在特定年龄段还能做什么,以及他此前的生长发育速度是否一直都很稳定,如果他有稳定的进步,往往就不用太担心。

2月龄

大动作	精细动作
・俯卧时开始能抬头	・手臂和腿部动作更加平稳 ・有时不再紧握拳头 ・把双手握在一起
社交能力	沟通能力
・对别人微笑 ・追视人脸 ・追视体积较大、对比度较高的物体 ・把头转向声源 ・听到较大声响会受到惊吓	・发出咕咕声或咕噜声 ・对别人的说话声做出反应

食物 + 活动 = 睡眠

社会上总有许多专业人士教授"喂养-玩耍-睡眠训练法",但是出于某些原因,这类方法往往都不太见效。实际上,你需要结合每个婴儿的自身特点对这套方法做出调整。设想一下:现在盛行的"喂养-玩耍-睡眠训练"模式就好比要你吃完早饭去上班,接着回家不吃不喝就直接睡觉。而现实生活中,你起床后要吃早餐,接着去上班,再吃顿早茶,完成更多的工作,紧跟着吃午饭,下午继续工作,喝下午茶,然后回家吃晚饭,之后才会上床睡觉。

另一方面看,婴儿只有在吃饱(有能量摄入)和疲劳(有能量输出)的情况下才能安睡。饥饿的婴儿睡不着觉,如果他的运动量不足、身体不够疲惫也同样睡不着觉。随着婴儿一天天长大,他必须有更多游戏玩耍的时间。家长应该让孩子直接平躺在地上玩,不要把他放在秋千椅或是座椅上,又或者让他坐在地上,因为那样做不能让宝宝消耗足够的能量进而觉得疲劳。

他需要达到一种平衡——增加食量也要配合增加运动量,否则你想让他睡觉时他就睡不着了,这会让你变得很焦急、精疲力竭,并且想知道他到底为什么不睡觉!如此,对任何人都没有好处。

我提出的"喂奶-玩耍-喂奶-玩耍-喂奶-玩耍"方法很有效!

在宝宝疲劳困倦时,与其让他上床睡觉,不如让他先吸吮一阵母乳或是喝瓶配方奶,然后再把他放到地上玩一会儿。想想看,如果你喂完孩子让他玩1个小时左右就直接把他放回床上,十有八九他都睡不着觉。为什么呢?他会觉得很饿,因为他玩了很久但却没喝够奶,或是他虽然喝饱了奶,但是运动量不够。

记得凯瑟琳来我家访视那天刚好赶上圣诞节,长子利奥当时两周大。过了一会儿她说:"把利奥交给我,他得多在地上玩耍!他需要消耗身体里的能量,然后才能乖乖喝奶睡觉呢。"这真让我醍醐灌顶!!这些天以来我一直严重缺觉,成天因为照顾儿子忙得团团转,一连两周居然都没想起来要让他在地上玩一玩!

凯瑟琳告诉我们说婴儿根本不需要座椅或弹跳椅之类的物件,他们在地上就能学会各种技能。所以,我们就照她说的那样做了。自此之后,我们每天都和利奥在地上玩,让他进行趴卧练习,而且我家后来生的两个宝宝安娜和乔吉从出生第一天起就开始在地上玩耍了。

他们的小脖子很快变得强壮起来,还学会了翻身、原地转身、手膝并用地晃动着把身体支撑离地,然后就能爬行、走路了,看着他们不断成长进步,这种感觉真的很奇妙!

令人震惊的是,市面上有太多婴儿用品其实都用处不大,多亏了凯瑟琳我才看清这一点。利奥出生前,有人好心送了我一张弹跳椅。自从一直让利奥在地上玩以后,有一天我突发奇想,想让他试试弹跳椅。但是他不喜欢椅子上的安全带,所以后来就没再用它,而且利奥也更愿意在地上玩。

我们学会了如何礼貌拒绝朋友们将自己不再需要的东西送过来。如果家长想做其他事情而需要把宝宝临时固定在某处时，这类东西或许很好用，但从长远来看，它们无益于孩子的成长发育。

我家所有孩子都在规定时间内达到了生长发育的里程碑——他们都能在 3~4 个月大时翻身，6~7 个月大时爬行，11 个月大时走路。我家最小的宝宝现在 8 个月大，已经能自己拉着东西起身，然后在家具周围挪动了。

人们总说我家几个孩子达到生长发育里程碑的时间都很早，但是凯瑟琳告诉我说这全都得益于他们能在地上自由玩耍的缘故。而我只是让孩子们做了他们应该做的事而已。婴儿会在出生第一年惊人地成长，我们只需任其自由发展就好。

凯　莉

外出时如何"玩耍－喂奶－玩耍"

你肯定不想整日闷在家中，所以出门前请先将孩子喂饱。如果步行出门，婴儿可以在婴儿车里玩耍。等他犯脾气哭闹时，可以再让他吃些奶，接着放回婴儿车里平躺玩耍。之后，等他饿了再喂一次奶。

趴卧练习

婴儿俯卧时，必须努力利用他的肌肉，最重要的是，这样做会促使他逐渐生长发育。他得把头抬起来，左右扭动脖子，本能地寻找乳头或食物来源。他也会向你发出说话声的方向转头，查看那些色彩丰富的发声物体，然后往旁边挪动一下身子好去倾听各种声音。因此，让婴儿从出生第一天就开始趴卧练习可以促进他上半身的力量发育，这一点至关重要！

趴卧练习最终能帮助宝宝逐步发育，并且学会抬头、翻身、坐起、爬行、拉着东西自己起身在家具之间挪动，然后学会站立，还有走路。趴卧练习还能减少宝宝患上扁头综合征的可能性，这种头骨局部变平症状的成因是婴儿长期仰卧，如果他白天在地上玩耍时一直采用仰卧姿势，头骨中的软骨就会受到压力变平。因为现在所有婴儿都采用仰卧睡姿，我们就得确保他们白天玩耍时既要仰卧同时也要有俯卧的时间。

等宝宝变得更大更强壮后，他就能肚皮贴地多趴一会儿了。如果他开始哭闹，就把他翻过来肚皮朝上或是把他抱起来……过会儿再试试趴卧动作。

婴儿很喜欢趴在铺着干净柔软棉被的地面上进行趴卧练习，当然这也是最好的做法。请你每次都用同一条被子或软毯，这样宝宝就能知道游戏时间到了。你也可以试着让自己躺在地上或床上，然后把宝宝放在你身上，与他肚皮贴着肚皮。你们母婴二人肯定都喜欢这样做，而且宝宝还能看到你，听到你的心跳声，闻到你的味道。

睡眠

本年龄段的婴儿通常在晚上都能安稳入睡，但白天可能就不那么安分了。不要惊慌，婴儿不可能彻夜安眠之后在白天照样睡意深沉，他们有时也需要喝奶补充能量。另外，正如我先前提到的，婴儿还需要多玩耍进而消耗能量。

现在，你的宝宝已经 2~4 个月大了，通常晚上洗完澡喝完奶就能一觉睡 6~7 个小时。这么大的婴儿往往会在凌晨 4 点睡醒。不要在凌晨 4 点试着重新将他哄睡，等他醒来就给他喂点儿奶，然后让他再睡几个小时。此时此刻，你的乳房里肯定充盈着很多乳汁，你会发现这次哺乳过程非常快。我建议你先用单侧乳房哺乳，然后给宝宝解开裹布换尿布，接着重新将他包好后再用另一侧乳房哺乳。

每次哺乳后，你都要多陪宝宝待 10~20 分钟，抱着他让他靠着你的肩膀，然后轻抚他的后背，这样做不是为了给他拍嗝，而是为了让你俩的晚间时光充满亲密感和浓浓的爱。相信我，这些日子转瞬即逝，以后你可能会回想这些美好的母子共处之夜呢！凌晨 4 点喂完奶后，你的宝宝就能一觉睡到早上 7 点左右了。

典型的日间和夜间生活

如果宝宝晚上睡得很好，他往往就不会在白天睡太多觉。孩子不可能整日整夜都在睡觉，当然生病的情况除外。你不要指望本年龄段的宝宝能在白天拥有完美的日常习惯,现在想这个还为时尚早。

直到宝宝长到6~7个月大运动量开始增加时(能翻身、主动翻成俯卧或仰卧姿势并且会爬行时)才能在晚上和白天都好好睡觉。你的宝宝最终一定能睡更长时间,但是凡事都有自己的节奏,所以请你务必耐心等待。

下面的内容仅供参考——每个宝宝都是不一样的,所以如果你家宝宝白天睡得更久也没关系,如果你家宝宝白天睡得不多但是身体很好,就同样没有问题。

2~4个月大的婴儿应该在上午经常多喝奶多玩耍,也许在中午吃奶时还能小睡30~45分钟。然后,中午吃完奶继续在下午多喝奶多玩耍,接着睡30~60分钟短觉。

我发现,通常最好在下午5点时给本年龄段的婴儿喝瓶配方奶就能让他熬到10点洗澡了。小婴儿都很聪明,他们现在已经清楚夜晚是睡眠时间了,但是为了好好睡觉,他们得摄入大量乳汁。他们会增加体重,进而可以开始在夜里睡得更久。

所以从晚上6点到9点半,婴儿应该循环进行吃奶和玩耍这两项活动,其间也许还要时不时地小睡30分钟,进而过渡到晚上洗澡后直接睡整觉。

一到晚上9点半就可以开始按照我建议的"洗澡-喂养-睡眠"步骤开始操作了——准备好洗澡水,这样你的另一半就可以给宝宝洗澡、喂配方奶,然后哄他睡觉了。希望你能在晚上9点前上床睡个好觉。

将洗澡时间提前

等宝宝接近 4 个月大且体重长到 7 千克左右时，你就会发现他需要早点儿洗澡了，他会表现出疲劳的迹象，等不到晚上 10 点再洗澡就已经很困了。所以你要逐渐少量以半小时为单位将洗澡时间往前挪，从晚上 10 点挪到 9 点半，然后再变为 9 点，8 点半，之后再提前到 8 点整。但是这一过程一定要慢慢来，我们可不想因此破坏你和宝宝午夜后的美觉。

最好继续让宝宝从晚上 6 点到 9 点一直不断吃奶和玩耍。本阶段，你已经能在晚上 9 点左右给他洗澡了。继续用裹布将他包好，因为他现在能喝更多配方奶了，所以你一定要满足他的食量需求让他喝饱。现在，他洗澡后的食量可能已经达到 120 毫升~150 毫升了。

如果宝宝不能马上安静就说明他此刻还不想睡觉。与其焦急地拍着他哄睡，不如把他从床上抱起来，给他解开裹布，让他趴卧一会儿，按摩按摩他的背部，然后再让他仰卧一会儿，给他换好尿布重新包好裹布，再给他喝一瓶配方奶。如果晚上 10 点左右你的宝宝依然没有睡意也不要惊慌：在这个年龄和体重情况下，他可以很轻易地一觉睡到凌晨 4 点。

脱发

妊娠期妇女的头发生长速度快是很常见的现象，一些发丝卷曲的妇女还会注意到自己的发丝变直了。另一方面看，妇女产后3个月开始脱发也是常见现象，最让人痛苦的是这些头发会成簇脱落。大多数妇女都能在6~12个月后长出新发。如果你的脱发问题很严重，最好让医生检查一下，做个血液化验。

第八章

出生第四至六月

婴儿喂养

母乳

从出生 4 个月到 6 个月,宝宝的食量将会继续增加。到目前为止,你的哺乳情况已经很好了,而且乳汁分泌也很顺畅,但是你可能会发现宝宝每次吮吸吃奶的时间都很短。本年龄段婴儿经常会在吃奶时烦躁不安,通常是因为他们很容易走神的缘故。尽量不要强迫婴儿进食,如果他一直烦躁不安就让他松开乳头在地上玩一会儿,之后再把他抱起来尝试喂奶。通常情况下,婴儿这时就不再哭闹转而开始认真卖力吃奶了。

如果婴儿吃奶时间短促且频率很高,相关专业人士就会形容"婴儿是在吃零食",许多母亲都不知道发生这种情况该怎么办。其实,婴儿每次吸吮乳房或用奶瓶喝奶都算是有效喂养。正如我一直说的,婴儿清楚地知道自己什么时候有饥饿感,所以，也请你相信孩子（尽管有时频繁喂奶会令你很厌烦）。只要他的体重有所增加，而且每次换尿布时都能发现排尿，就说明他摄入了充足的奶量。

如果你觉得自己乳房很柔软而且奶水已经耗尽了也别太担心，因为事实并非如此。泌乳能力不会凭空消失。你的身体正在源源不断地分泌乳汁，你家宝宝的喝奶效率也很高，他能喝下的刚好是一天所需的奶量。

配方奶

如果采用配方奶喂养，宝宝每天的喝奶量可能已经超过了1升。再重申一遍，每个孩子都有所不同：有些婴儿每次摄入的奶量不多，但是一天要喝很多瓶配方奶，而另一些婴儿每天只喝5~6瓶，但是每次摄入量却是180毫升~210毫升。只要你始终按照宝宝的食量给他喂奶即可。不要延长喂奶的间隔时间，因为婴儿需要摄入的乳汁都是身体成长必需的。我建议记录下宝宝每天的乳汁摄取量，这样家长就能清楚他喝了多少奶。

本年龄段宝宝吃奶时很容易分神，关于这方面的更多信息请参阅上文"母乳"标题下介绍的内容。

混合喂养

如果采用母乳喂养外加额外补充配方奶粉的做法，我建议你一定要先用双侧乳房哺乳，等宝宝需要额外补充奶粉时再给他按照食量需求补足即可。切勿减少宝宝的乳汁摄入量或延长喂养间隔时间。大自然赋予婴儿生存的力量，喝奶增重便是他赖以生存的唯一方式，这也是婴儿整晚能够久睡的原因所在。所以，你要继续好好喂养婴儿，他的一切都与食物和增重密不可分！

如果婴儿整天都想喝奶怎么办？

如果处于本年龄段的宝宝一直不停地喝奶，显然说明他需要额外的能量。这时，有两件事需要你考虑：

- 如果婴儿不停吮吸乳房，但是体重没有增加，说明他需要额外补充一些配方奶。
- 如果婴儿想坐在你的腿上或是想让人整天抱着，那情况就不一样了，这通常是一种行为问题。如果婴儿的体重适当，就更有可能是因为行为问题。他需要多花些时间来玩耍。

所以，如果你的宝宝需要额外补充能量，而你也发现他确实一直叼着乳头不松嘴的话，或许就需要每天再喂他喝一两次配方奶了。一定要让孩子吸吮真正的乳房，尽量不要用安抚奶嘴，因为婴儿吸吮安抚奶嘴吃不到任何食物（无法获取能量）。

如果宝宝哭闹是因为行为问题，而且他还想让人抱着，那也没关系，因为本年龄段的婴儿喜欢这样做，只要你愿意抱着他,一切就不成问题。婴儿长到4~6个月大会开始"害怕生人",并且**非常依恋**自己的父母。在婴儿生命之初的早期育儿过程中建立亲密的亲子关系非常重要,所以不要把孩子的这种行为当作他在无理取闹,也不要担心自己缺少家长的威严。

另外,家长还要记住的是,婴儿觉得疲劳时、长牙时、身体不适时或是刚接种完疫苗时,往往更希望得到你的关心和安抚。

如果你的宝宝累了,很明显你应该让他按照自己的睡眠习惯去睡觉。如果他在晚上睡不安稳,白天就会变得很暴躁。这就是为什么我愿意让孩子们夜里好好睡觉的原因,因为只有这样他们在白天才能更加快乐(即使他们白天可能不能久睡也没关系)。

添加辅食

理想情况下,婴儿在0~6个月时只吃母乳或配方奶,其后则应慢慢为其添加辅食。

学会吃饭对宝宝来说是一个重要的生长发育里程碑,所以我希望你们母婴二人都不要为进食问题感到焦虑。给宝宝喂辅食完全没必要急于一时。社会上有很多人似乎都在争先恐后地比试谁家宝宝辅食添加得早,而且专业医务人士也希望婴儿尽早开始食用固体食物。人生几乎没有任何事是无法避免的,但是吃饭例外,因为你的孩子早晚有一天肯定要开始吃固体食物的。逼迫孩子吃饭并无益处——不要强迫他吃东西,不要用勺子追着喂食,不要打开电视一边分散孩子注意力一边企图将东西喂给他吃，也不要换着花样地烹饪出很多你认为孩子可能会喜欢的食物。

遗憾的是，喂婴儿吃辅食时出现的大部分问题都是母亲造成的。这些母亲经常承受着**她们自己的**母亲和我前文提到的专业人士带来的巨大压力。给宝宝添加辅食的方式和时间都很重要，因为这会影响到孩子今后的进食习惯。因此，我要郑重强调一定要在正确的时间给孩子添加辅食，而且其间还要避免产生压力和焦虑的情绪，要尽量放松！

宝宝要等准备就绪才能开始吃饭、吞咽、咀嚼、使用勺子、张开嘴巴、尝试新口味和新口感。如果我们强迫孩子实施某种行为，他就会做出消极的反应，而这种反应会变成某种习惯，而且不幸的是，它会变成一种坏习惯。各家的二胎和三胎子女会有进食问题吗？绝无仅有。这是因为妈妈们没时间在家里庸人自扰地用玩具逗着孩子吃饭或是追着孩子喂完最后一勺混合蔬菜。家里有二胎、三胎和四胎的母亲已经变得很有条理而且很放松了，顺利度过一天就能让她觉得很开心！当然，这些婴儿吃起东西来也都毫不费力。

婴儿流口水不是因为出牙，而是因为他嘴里有很多无法吞咽下去的唾液。所以，当他玩耍、集中注意力或坐在婴儿车里时，就会张开嘴巴流口水。数代同堂之家里会有人告诉你说婴儿流口水表明他要开始长牙了。然而，从生长发育的角度来看，婴儿要先学会把嘴里的唾液吞咽下去才能知道应该如何进食。有时，婴儿可能要到6~7个月大时才能准备好开始吃辅食。

但也总有例外，有些 6 个月大的婴儿就可以张开嘴吃掉摆在他们面前的所有食物。他们的父母肯定认为自己的宝宝简直太棒了。如果你家宝宝还不能乖乖吃饭，刚尝一口蔬菜就吐了出来，你就需要放慢速度，暂时先别管他，等几天或几周之后再重新开始喂他吃。这件事可不能着急，一定要有耐心。

最重要的是，虽然我们知道不应该拿自己的孩子和别人的孩子比较，但我们还是忍不住看到别人的孩子后自言自语："我家孩子不会这样做。"出于某种原因，我们会感到非常内疚。家长关键是要在育儿过程中坚持自己做父母的原则，只要你做事的初衷源自对孩子的爱和关心就没必要觉得内疚。我们所做的一切都是为了让健康快乐的孩子与健康快乐的父母在一起共度每一天。

婴儿需要准备好，他只有能自信地坐起来并对食物饶有兴趣才会开始吃辅食，而不是说他盯着你吃晚饭就意味着时机成熟了。婴儿通过视觉上看到丰富的颜色和动作会感到兴奋，所以在你吃东西的时候，他们很乐意看着你将手从盘子那里拿到嘴边，但他们不明白你是在吃东西，而且也不能说明他们已经准备好要吃辅食了。确实，有些婴儿需要认真对待，需要更长时间才能好好吃东西，例如早产儿或者出生前几周经常出现胃液反流或呕吐现象的婴儿就可能会在添加辅食时出现问题。一定要耐心等到孩子真正做好准备再添加辅食。既然他现在能顺畅喝奶就没必要忧心，也没必要让你的宝宝焦虑，最终导致孩子长期厌食。

如何知道应该何时添加辅食？

多年来，应该在婴儿多大时为其添加辅食一直没有专业定论，一些专家建议在婴儿 4 个月大时开始添加辅食。允许 4~6 个月大的婴儿开始食用固体食物的生理特征包括：

> ·婴儿大约 4 个月大时挤压反射消失（参阅下文），可以将食物移送至口腔后部并且安全吞咽。
> ·婴儿的头部控制能力增强，可以使他坐着时更容易吞咽。
> ·在你喂婴儿吃辅食时，他可以把舌头从嘴里伸进伸出。

挤压反射

挤压反射是婴儿与生俱来的一种正常的原始反射，可以让他把嘴里的任何硬物都吐出来。大自然借此保护婴儿，让他在学会咀嚼吞咽前无法将可能造成危险的硬物或食物吃进嘴里。这并不意味着你的宝宝不喜欢吃食物，只不过他此时还不具备吞下任何硬物的能力，所以只会吮吸。等健康婴儿的挤压反射消失后，他就能将食物送达口腔后部并且安全吞咽下去了。这时候，你的宝宝才真正为吃辅食做好了准备。

随着时间的推移，婴儿会逐渐获得从食用液体食物过渡到固体食物的能力。在决定何时开始添加辅食时,既要考虑到婴儿是否已经做好准备,也要看他是否对食物感兴趣。一些婴儿比其他婴儿对食物发生兴趣的时间早,甚至同一家庭每个孩子开始吃食物的具体年龄都不一样。你应该考虑到宝宝自身的年龄、体重和发育情况,适时地给孩子添加辅食。

婴儿学会吃饭需要时间、耐心和丰富多样的食物,而且母婴双方都不要有焦虑情绪。如果你强迫孩子食用固体食物,会让他很早就开始厌食,这肯定是你最不想要的结局。如果你家宝宝某天拒绝吃辅食,那就停几天再重新开始。孩子迟早都能吃辅食,但你需要给他时间让他做好准备。

适合最初添加的辅食

婴儿出生第一年里,要逐渐为他少量添加各种辅食,一次只加一种,分别来自下述食物种类:谷物、奶制品、肉类、家禽、鱼类、水果和蔬菜。简单、软烂、干净、新鲜的食材就已足够,婴儿不需要美食食谱,但是你一定要保证他吃完某些食物后不会产生过敏反应。

一次只给婴儿食用一种食物。从一茶匙的食物量开始,然后在接下来的几天和几周内逐渐加量。米粉这类富含铁质的谷物食品是为婴儿最初开始添加辅食的理想食材。吃早餐时,将一茶匙米粉与一些母乳或配方奶混合在一起,可以为婴儿带来身体所需的额外能量。他尝到米粉后可能会做出很多有趣的表情,因为米粉的味道和口感对他来说都是一种全新的体验。如果婴儿第一次吃的时候表示拒绝,就第二天再试一次。慢慢来,不要着急，因为用餐时应该放松心情，不要有压力。

等婴儿吃几天米粉后，可以在午饭时给他吃些煮苹果。让他连续这样吃几天，然后再在晚餐时给他添加一些红薯。那么，现在你就有辅食计划了：

- 早餐吃米粉；
- 午餐吃煮苹果；
- 晚餐吃红薯泥。

然后再逐周逐月添加新的食物。同样，从一茶匙的食物量开始，然后在接下来的几天和几周内逐渐加量。一次只给婴儿吃一种食物，这样我们就可以排除导致婴儿过敏的食物了。

12个月以下儿童切勿食用的食物

- 不需要在宝宝的食物中添加任何糖或盐，因为糖和盐只是为了适应成人的口味。
- 快餐、含糖量和脂肪量较高的食物以及含糖量较高的软饮料和果汁都不适合正在生长发育的孩子。
- 不要给婴儿吃小而硬的食物，比如坚果和未煮熟的蔬菜，因为它们有可能被吸入气道引起窒息。

- 因为蜂蜜是一种容易引起肉毒杆菌中毒的食物，所以不建议12个月以下的婴儿食用蜂蜜。

一些一般性建议

- 给宝宝提供各种质地的食物——柔软的、泥糊状的或稀汤状的，然后随着宝宝年龄逐渐增长，就可以食用口感更黏稠更硬的食物了。包括不同的味道，比如咸味、苦味、酸味和甜味。
- 婴儿刚开始吃辅食时先为他加热一下，之后再给他较凉的食物。
- 孩子学吃饭时会弄得一团糟，要做好心理准备，因为即使吃饭弄了一团糟也没问题！他日后自会学到餐桌礼仪。
- 宝宝渴了就给他喝奶解渴。
- 宝宝吃饭时家长要陪伴在侧。尽量在婴儿即将达到生长发育里程碑时让他与家人同坐，进而观摩并学习进食技巧。
- 宝宝开始吃牛奶以外的食物时，他的排便习惯和粪便气味就会发生变化。

生长发育

4月龄

大动作	精细动作
· 良好的头部控制能力 · 能支撑着坐住 · 俯卧时头部能抬起90度 · 俯卧时能用手肘／前臂支撑身体 · 竖抱时双腿会向下蹬着地面 · 尝试朝一个方向翻身	· 能识别熟悉的面孔并开始与他人进行更多的互动 · 能微笑和大声笑 · 能用眼睛左右追视移动物体
社交能力	沟通能力
· 伸手够物品 · 把手放进嘴里 · 尝试用双手拾起物品	· 为了满足自身需求或有人跟他讲话时可以发出声音／咿呀声来吸引别人的注意 · 以不同的哭泣方式表示饥饿、痛苦或疲倦 · 说话时看着别人

玩耍

玩耍对4~6个月大的宝宝来说非常重要。

我接到的大多数咨询电话都是从出生起就开始"洗澡－喂养－睡眠习惯训练"的婴儿家长打来的,这些宝宝一直睡得很好,但是长到4个月后一切都变得急转直下。当婴儿长到这个年龄段时,需要消耗更多的能量。

大多数妈妈都会在此阶段落入同样的陷阱。这是我做电话咨询或视频咨询时发现家长们普遍遇到的一个问题——这些妈妈告诉我："我试着让宝宝坐着，他真的很开心而且很喜欢玩玩具，但是晚上就是不睡觉。"现在的情况是，婴儿摄入了大量乳汁，但他只是坐着，并未消耗任何能量。

同样道理也适用于将婴儿放在学步车、任何塑料座椅或拴在门框上的弹跳椅里的情况，这些物件都会妨碍婴儿玩耍或消耗自身能量。我建议放弃使用这些物件，而继续把孩子放在铺着软棉被的地上让他自由移动、自由玩耍，这样才会让他感到饥饿和疲劳，进而才能换来安稳的好觉！

日间日常活动

设想一下，把你的一天分成三部分：上午、下午和傍晚。每天伊始，你给宝宝换完尿布就可以给他喝一顿奶，之后，就让他在地板上玩耍——趴卧、仰卧、趴卧、仰卧。记住，别尝试让宝宝一直坐着。

等他开始在地上抗议哭闹时，就让他喝顿奶，然后放回地上再趴卧一会儿或玩耍一阵子。此后一直重复这几步，直到宝宝在地上待不住了为止。孩子长到现阶段，你应该已经很清楚他何时玩够了，这时就给他包好裹布喝些奶，接着再把他放到床上去睡觉。

即便宝宝只能睡 40~60 分钟也好，能睡两小时也罢，我想强调的是如果宝宝能短睡就没问题。婴儿可不会像新兵训练营的学员那样言听计从。

"小憩"这个词往往可以用来形容婴儿的短觉。有些妈妈认为宝宝小憩有弊无利，但是本年龄段的宝宝只能在白天睡很短时间，夜里却能睡得更久。

家长需要对宝宝的需求做出回应：
- 如果他饿了，就喂他喝奶；
- 如果他睡醒了，就让他玩耍；
- 如果他觉得累了，就让他睡觉；
- 等他睡醒后，就喂他喝奶，然后让他玩耍，并且在一天之内都要重复这两项活动。

家长要在下午和傍晚让孩子继续重复这些活动直至晚上洗澡前结束。

当然了，你不可能成天闷在家里，有时候宝宝会在汽车里或婴儿车里短睡，这未尝不是一件好事。生活必须继续下去，你得走出家门继续开展各项日常活动，你可以四处转转或是去看望一下亲友。

晚间日常活动

继续在洗澡前重复吃奶－玩耍－吃奶－玩耍－睡眠的晚间活动同样很重要。你会发现宝宝需要提早洗澡,所以可以按半小时为一个时间单位,逐渐将洗澡时间提前,从晚上 8 点提前到 7 点半,然后提前到 7 点,以此类推。

睡眠

本年龄段宝宝可能已经形成了良好的夜间睡眠习惯,但是白天却很活跃。我衷心希望婴儿能在晚上长时间睡整觉,但是他们**不可能**彻夜安眠之后在白天照样还能呼呼大睡。

所以,当你的宝宝长到这个年龄时,需要很有耐心,想办法让他整夜安睡,同时盼着他白天短睡三四次就好。不要试图安抚刚刚才睡了 40~45 分钟的婴儿继续睡觉,这只会弄得你们母婴二人都闷闷不乐,然后让家里的每个人都感到局促,最终导致你到睡眠学校去报名。如果你家宝宝从出生第一天就能踏实睡觉,这种课程就完全没有必要参加。家长要有耐性,宝宝迟早会有乖乖睡觉的一天。

等宝宝睡 40 分钟醒过来后,就将他抱起来给他换好尿布喂顿奶,然后放到地上玩一会儿,这几步是非常重要的。关于 4 月龄婴儿的睡眠倒退现象,我会在下文进一步探讨。

洗澡－喂养－睡眠习惯

当宝宝快到 6 个月大时，洗澡时间就差不多是晚上 6 点半了。洗完澡吃完奶，宝宝就有希望（包着裹布）一直睡到凌晨 4 点。如果你家宝宝能从洗澡后一直睡到凌晨 4 点，就不要着急将洗澡时间提前，否则孩子很可能会在凌晨两三点提早醒来，请相信我，你肯定不想让他这么早醒！

我建议在晚上 10 点为本年龄段婴儿实施睡眠喂养法，由你或者你的另一半将睡梦中的宝宝抱起来，喂他喝一瓶配方奶或挤出来的母乳。有些婴儿这顿能喝下 200 毫升甚至更多的奶。将宝宝抱在你的肩头给他拍嗝，然后亲亲他，告诉他你很爱他，接着把他放回小床里继续睡觉。这样做的目的是为了给孩子补足身体所需的奶量，好让他一觉睡到凌晨 4 点左右。

关于晚上给婴儿用奶瓶喝奶的事，存在着一些争议。但是现今我发现父母双亲都想参与喂养婴儿的工作。由另一半负责在晚上给宝宝洗澡喂奶，有助于他与宝宝建立亲密的亲子关系。

等宝宝再睡醒时，你就把他抱起来直接哺乳或者喂他喝一瓶配方奶，这样做能让孩子一觉睡到第二天早晨 6~7 点钟，这时候，你一天的劳作也就开始了。给他换好尿布喝顿奶，然后放到地上玩耍一会儿，不断重复趴卧和仰卧动作，一定要记住，不要屈服于诱惑而让孩子坐起来。

婴儿在地上开始哭闹抗议就是在告诉你他需要拥抱或者想要喝奶了，所以你得给他喂顿奶，然后再放到地上继续多趴会儿、多玩会儿。因此，你要让宝宝不断重复玩耍-喝奶的活动，直到他累到不想再在地上玩时就为他包好裹布喂奶，然后放到床上去睡觉。

4月龄婴儿的睡眠倒退现象

有些婴儿的运动量不足。他们会长时间坐在某处，比如婴儿推车和汽车安全座椅上，进而影响晚上的睡眠情况。这种现象在4~5月龄婴儿中很常见，也有"4月龄婴儿睡眠倒退现象"的说法。直言不讳地说，这种睡眠倒退完全是由于婴儿的喂养和玩耍情况决定的。

请你设身处地想一下，如果你在床上吃完早饭就一整天赖在床上读书看报，到了晚上也不会觉得太累，所以肯定不太睡得着觉。不仅摄入饮食是我们日常生活的一部分内容，而且我们一整天还要从事各种活动，这样等夜幕降临时才会觉得疲劳困倦。婴儿也是同理！

如果你喂饱婴儿后就让他在地上、摇椅、弹跳椅之类的地方一直坐着不动，他就不能消耗能量。这便是为何你家宝宝的睡眠情况开始急转直下的缘故。

我在工作实践中经常看到这种情况。你只需放弃使用这些我称之为"容器"的物件就可以了。请给你的宝宝喂完奶后把他放在地上，任其自由玩耍、移动、发育成长，他自然就会感到疲劳并且想要睡觉了。这看似是一种"魔法"，但其实只是常识而已。

第九章

出生第六至八月

婴儿喂养

乳汁

母乳或配方奶仍然是本年龄段婴儿的主要食物，因为他仍然需要大量乳汁。我建议婴儿大约 6 个月大时为其开始添加辅食。

如果婴儿一开始拒绝吃辅食，就暂停几天，让他稍事休息后再重新尝试，一定不可操之过急。要婴儿学会吃饭需要时间、耐心、丰富多样的食物和不急不躁的母亲。你肯定不想让婴儿对直接哺乳、用奶瓶喝奶或食用辅食产生厌烦情绪。妈妈们费尽心思强迫婴儿接受哺乳、奶瓶喂养或吃辅食时，会让他很早就产生厌食现象。如果宝宝烦躁不安拒绝吃奶，我建议你让他松开乳头哄他平静下来，接着再把他放在地上玩一会儿，之后重新给他包好裹布继续喂奶。

切勿将宝宝不断地抱到乳房前强迫吃奶，这样做只会让你们母婴二人都感到非常焦虑。大多数接受母乳喂养，同时每天用奶瓶喝1~2次配方奶的婴儿都能实现长期母乳喂养，而且母亲的泌乳情况也都很完美。

辅食

6~7个月大的婴儿就可以在辅食中添加红肉和鸡肉做成的肉泥了。等他长到7~8个月大时，还可以食用加入少许牛奶的蛋奶糊、酸奶和麦片。

添加可能致敏的食物

在婴幼儿时期，许多孩子会对一些食物产生常见的过敏反应，包括但不限于鸡蛋、花生和奶制品。建议在婴儿1岁前就为其尝试添加可能致敏的食物，如果他有过敏反应，（反应严重就一定要）尽快就医治疗。你的全科医生会为你转诊至儿科医生，再由他将你转诊给专治过敏症的医生。

鸡蛋和花生过敏

一定要等宝宝超过6个月大再开始给他吃花生和鸡蛋。我为婴儿提供这些食物时总是非常小心谨慎，会采用一种保守的做法。

关于吃花生，你最好用自己干净的小手指蘸上少许花生酱，然后把它抹在宝宝的嘴唇内侧。如果他对花生过敏则只会发生局部反应，但如果他将花生酱吞入口中，口腔和喉咙就会过敏肿胀。这种结果真的很恐怖！如果宝宝并未当即产生过敏反应，就说明他吃花生不过敏。

关于吃鸡蛋，首先要给婴儿吃蛋黄，它比蛋清所含的致敏原少。煮一个水波蛋，用干净的小手指蘸一点儿煮熟的蛋黄抹在宝宝的下唇内侧。如果他对蛋黄过敏，下嘴唇就会肿起来，带他去看全科医生或儿科医生，暂时不要让他继续食用鸡蛋。

如果宝宝对蛋黄不过敏，你就可以在第二天喂他吃半茶匙蛋黄，并且让他吞咽入口。几天或几周之后，就可以给他吃下整个蛋黄了。

接下来要做的是给宝宝喂蛋清，方法与喂他吃蛋黄的方法完全相同——将干净的小手指蘸上少许煮熟的蛋清抹在宝宝的嘴唇内侧。如果你马上注意到宝宝的嘴唇、眼睛或脸上有任何肿胀，或者在吃完任何新添食物不久，宝宝的嘴唇、眼睛或脸上出现肿胀的话，就说明他可能对这种食物过敏了。出现这种情况时，请别再给孩子继续食用那种食物，并带他去看医生。如果你家宝宝的过敏反应非常严重，请立即叫救护车去医院救治。这就是为何你一次只能给宝宝新添一种食物的缘由，因为这样你就能知道哪种食物会致敏了。婴儿极少会出现严重的过敏反应（这是一种突发性且有可能危及生命的严重过敏反应），但是许多婴儿都会对不同的食物过敏。

我曾遇到过一位女士，她自己午餐时吃了一枚鸡蛋，然后洗完手给6个月大的宝宝正常喂饭。她手上一定沾有鸡蛋残留物,弄得她家宝宝脸上长出了严重的皮疹。经过测试,那个宝宝确实对鸡蛋过敏,但是等他两岁以后,这种过敏症状就消失了。

生长发育

6月龄

大动作	精细动作
·向左向右都能翻身 ·在支撑下可以坐得很好,没有支撑下也较之前坐得更好 ·站立时可以开始支撑自身的重量 ·双脚开始弹跳 ·肚皮贴地转身时开始用手和手肘支撑身体离地 ·试着手膝并用让身体离地	·伸手抓够物品 ·将物品放入口中 ·开始将物品从一只手调换到另一只手
社交能力	沟通能力
·能认出熟悉的面孔,开始识别陌生人 ·喜欢和他人一起玩耍 ·回应他人的情绪 ·喜欢照镜子看自己在镜中的影子	·能发出更多带有元音的咿呀声 ·与成人一起轮流发声,并通过发声来响应自己听到的声音 ·开始对自己的名字有反应,或者听到指令"不"时能暂停

玩耍

在此之前,你的宝宝基本上还能在你放下他的地方一直待住。但现在他能移动了,确切说应该是能翻身,能在地上360度原地转圈,或许还能向后挪动身体了(婴儿在学会向前爬行前必须先向后挪动),但这也意味着他可以开始四处探索了,所以你得趴在地上手膝并用地爬一圈,看看婴儿到底能看到什么,能摸到什么,能把什么放进嘴里。

我接到过很多关于婴儿吞咽异物的咨询电话,比如硬币、电池、乐高积木和棋盘拼字游戏字块[1]等,但我一点也不意外,因为婴儿生性好奇,他们不知道乐高积木是不能吃的!他们所做的就是对物体做出反应,然后直接把它们放进嘴里——这就是他们学会自己进食的方法。

日间日常活动

在宝宝睡前和早上睡醒后喂他喝顿奶,然后,新的一天就开始了。6月龄婴儿的基本活动规律是清醒两小时之后睡觉。所以,等宝宝睡醒就让他起床,然后喂他喝奶。之后让他循环

---

1. 这是一款西方流行的英语文字图版游戏,在一块15×15方格的图版上,2~4名参加者拼出词汇即可得分。这款棋盘拼字游戏最初名为Criss-Cross Words,直至1948年才更名为Scrabble并沿用至今。

进行至多两小时的喝奶－玩耍活动，此后再把他放回床上。等宝宝6~7个月大时，需要在下午4点左右短睡半个小时。但是，如果可能的话，我宁愿你别让宝宝睡觉，因为这样能让他晚上睡得更好。

所以，再强调一遍，上午的活动内容是喂奶、玩耍、再喂奶、再玩耍。本月龄的宝宝在地上玩耍时会变得更加活跃，他已经能够翻转身体，或许还能像突击队员匍匐前进那样肚皮贴地爬行或者向后蠕动身体了。不论宝宝在做什么动作，都要让他多活动，家长则需时刻关注正在移动身体的宝宝，因为他的移动速度真的很快。现阶段还是要继续给宝宝喝母乳和（或）配方奶。

如果宝宝早晨7点睡醒，就给他喝顿奶，接着放到地上玩耍。之后再哺乳完就还把他放回地上接着玩。等他开始哭闹不安就将他抱起来喂奶，然后继续放回地上多玩一会儿。

宝宝在地上玩了大概两小时后，你就要帮他包好裹布或把他放进睡袋喂奶了（我一直建议给婴儿在睡前和睡醒后喂奶），接着再把他放下睡觉。理想情况下，婴儿在上午和下午能睡90分钟至两小时。

如果你家宝宝在上午和下午的睡眠情况不一样也不要惊慌。有些宝宝能在上午睡1小时，然后再在下午睡3小时，或者上下午各睡1小时，然后再在黄昏时小憩半小时。所以，尽量不要期望你的宝宝一直保持睡满两小时的习惯，也别等他刚一睡醒就继续重新哄睡。

如果宝宝睡醒了，就把他抱起来喂奶，然后重新开始喂奶－玩耍－喂奶－玩耍的循环过程。

下午 / 晚间日常活动

上午短睡后让宝宝起来喝顿奶，然后接着玩耍。玩一阵就可以让他坐在高脚椅上准备吃午餐了。

午餐后把他重新放在地上喂奶、玩耍、再喂奶、再玩耍。也许宝宝只能玩一小会儿，等他在地上玩够了就将他抱起来喂奶，接着包好裹布放回小床睡觉。

午睡之后到晚上睡觉前这段时间可能真的很漫长，因为你们母婴二人都会觉得非常疲劳——你们度过了漫长的一天，宝宝可能会烦躁哭闹，但此时距离晚上7点似乎依然遥遥无期。尽量**不要**开车外出或是出门散步。为什么呢？因为宝宝必然会睡着，但你却想让他保持清醒，这样在一天结束时他才能疲劳到想要好好睡觉。

因此，正确的日常活动应该是喂奶、玩耍、喂奶、玩耍，然后在高脚椅上吃晚餐，紧接着再在地上玩一阵，之后洗澡并穿上连体服，在婴儿房轻声为他朗读睡前故事，然后包好裹布把他放进小床。

如果你的宝宝在晚上或白天无法安眠，请阅读一下"被动安抚法"的相关内容，因为现在是时候让他形成良好的睡眠习惯了。

睡眠

恭喜你现在已经拥有 6 个月的育儿经历了！说真的，为了让宝宝乖乖睡觉，最困难的工作还在后面。但是如果你家孩子现在睡得不好，读到这几段文字时你可能就有救了。好消息是，现在正是你可以训练宝宝在晚上、上午和下午乖乖睡觉的好时候。

裹布和睡袋

宝宝现在已经 6 个多月大了，需要做出一些调整。

我建议你从宝宝出生起就用之前我介绍的裹布法来包住他，好让他感觉舒适、安全、平静。本年龄段的宝宝应该能在地上来回前后翻滚了。因为他现在已经强壮得可以来回打滚，所以你就会发现，只要你把他放进婴儿床，他就会翻成俯卧睡姿。

宝宝刚出生那会儿，你曾遵循婴儿防猝死指导方针让他在婴儿床或摇篮里保持着仰卧睡姿，现在他已经变得更大更强壮了，所以能够整晚俯卧睡觉。这种睡姿让很多家长都担心婴儿有猝死风险，但这是宝宝生长发育过程中的必然变化，你对此根本无能为力，除非你能整晚熬夜不停地把宝宝从俯卧翻回仰卧睡姿。但是，有一些规则家长还是需要遵守的。

- 切勿在婴儿所在的婴儿床内放置其他任何物品——不要有毯子、婴儿床防撞围挡、安抚玩具、枕头或羽绒被，这些都一概不能放。
- 床垫一定要结实且尺寸贴合婴儿床——床垫与床架之间一定不能有缝隙，因为婴儿容易滑入缝中。
- 床垫上只需放上床垫保护罩和床单即可。

如果你的宝宝夜间睡眠不好，或者他睡在你床边的摇篮里而你打算将他的寝具换成婴儿床的话，此刻就应该进行被动安抚法训练了。同时还应该给宝宝戒掉奶睡和使用安抚奶嘴的习惯（如果他用到了安抚奶嘴的话），进而让他不论白天还是黑夜都能拥有良好的睡眠习惯。你要一直充满耐性，现在就行动起来吧。

但是，开始被动安抚训练前，有几件事情需要你做出调整。

- 摘掉裹布，这样宝宝就只穿着小背心和连体服了。冬天一定要让宝宝的脚趾保暖，所以你给他穿连体服前要先套上一双小袜子。
- 把宝宝放进睡袋，让他的胳膊留在外面。市面上有很多种不错的睡袋，所以你要选择一款应季产品（夏用或冬用），而且睡袋里也要留有足够的空间方便宝宝挪动身体。

> • 如果你的宝宝睡觉时四处乱动令睡袋缠住了腿，你就要把他叫醒，摘掉睡袋，再给他穿上一件保暖的衣服。
>
> • 大多数婴儿在睡袋里都很舒服，而且能用睡袋睡两三年。就像裹布一样，一见到睡袋孩子就明白睡觉时间到了。

洗澡－喂养－睡眠习惯

你家宝宝现在已经 6 个多月大了，如果此时他很习惯洗澡－喂养－睡眠系列步骤，就真该准备好把洗澡时间提前到晚上 6 点半，接着 7 点让他上床睡觉了。也就是说，给宝宝洗完澡并且直接哺乳或用奶瓶喝完奶后，就让宝宝进睡袋睡觉。现在晚上 10 点需要完成的工作是睡眠喂养法，替代了原先从出院回家那天就开始的洗澡工作。

我认为，本年龄段宝宝可以至少一觉睡到第二天凌晨 4 点。等他睡醒后就给他直接哺乳或喝些配方奶，之后放回床上继续睡觉，他应该能接着睡到早晨 6~7 点。

你可以一直进行睡眠喂养法直至宝宝 12 个月大，但是有些宝宝却对吃夜奶不感兴趣甚至完全拒绝吃夜奶。不论如何，如果孩子不想喝就不要强迫他喝。

6月龄以后的啼哭

本年龄段的婴儿应该已经形成了良好的睡眠习惯，但是如果6个月大以后开始时睡时醒，家长就得毫不迟疑地采取一些行动了。婴儿突然醒来有几点原因。

- 宝宝可能生病了。你可以凭经验发现孩子的身体不适，因为发病前几天，他的行为就会一反常态。如果你的宝宝很黏人、大声啼哭、不吃不喝、异常呕吐、腹泻和（或）发热，就很可能是身体不舒服了。
- 你们正在外出度假。如果你带着年龄不足12个月的宝宝外出，就可能会经历一些不眠之夜。婴儿会意识到他们所处的环境与以往不同，往往会啼哭并在晚上不得安宁。如果出门在外，家长就要竭尽所能地熬过夜晚。
- 宝宝日间运动量不足。如果你的宝宝一直坐着或平躺着并未进行足够的锻炼，他就可能会在夜里经常醒过来。
- 宝宝正在出牙。
- 你用安抚奶嘴安慰宝宝。
- 宝宝只是习惯性地醒来，所以他需要一些被动安抚才能重新入睡。

第十章

出生第八至十月

婴儿喂养

乳汁

8~10个月大的婴儿应该已经养成良好的喝奶和进食习惯了。尽量继续母乳喂养,继续在宝宝早上睡醒后先给他喝奶,并在玩耍前和睡觉前后继续喂奶。本年龄段的婴儿应该非常活跃,完全学会翻身甚至爬行了。

辅食

早期给孩子添加辅食会帮他形成终身的饮食习惯,所以家长应该尽量让吃饭时间保持轻松、积极和快乐的氛围。喂宝宝吃东西前,先给他戴上围嘴,然后把他放在餐桌旁边的高脚椅上并为他牢牢系好安全带。有些宝宝在这个年龄段非常活泼好动,所以如果不系安全带就很容易摔倒。

如果宝宝想用勺子进食，就让他自己用，如果他同时还想吃手指食物也可以。也许他会搞得一团糟，但是这些都不是问题！他会吃掉你为他提供的大部分食物。他现在已经可以用鸭嘴杯喝奶了，但可能还不能自己把鸭嘴杯举起来放进嘴里，所以我们凡事都要慢慢来，要有耐心。

有些婴儿对口中食物的口感非常敏感，吃东西时常常会呕吐。如果你家宝宝也发生了此类情况，添加辅食就不可操之过急。如果你习惯给他吃几乎是糊状的蔬菜泥就不要突然给他吃捣碎的小块食物。你必须用几周时间慢慢改变食材的口感，并鼓励宝宝吃手指食物。

8个月左右的婴儿就可以开始吃混合食物了。你可以每天早晨将少量牛奶外加酸奶、奶酪或蛋奶糊混入麦片粥等谷物早餐中。9个月大的婴儿就可以开始食用新康利[1]低脂即食燕麦谷物麦片之类的其他谷物了，也许还可以搭配上一些酸奶和水果。

午餐时可以吃一些富含蛋白质的食物（鸡肉或鱼肉），然后再吃些水果或酸奶。晚餐可以用蔬菜搭配鱼肉、鸡肉或其他红肉。我通常还建议给宝宝在上午和下午吃酸奶或牛油果一类的加餐。你很快就会发现自家宝宝的口味好恶了。

如果婴儿每餐的食材品种不多也没关系，只要给他吃一些鸡肉、鱼肉或红肉外加水果、蔬菜，当然还有乳汁就可以了。

---

1. 新康利（Weet-Bix）是澳大利亚欣善怡公司出品的一款高纤维谷物，已有近百年的历史，在澳大利亚及新西兰有售，深受当地民众喜爱。

生长发育

9月龄

大动作	精细动作
· 不用支撑就能坐着 · 可以转换成坐姿 · 可以拉着东西站起来 · 开始爬行 · 可以站立片刻	· 可以用拇指和食指捏住小件物品
社交能力	沟通能力
· 表现出"害怕陌生人"和分离焦虑,更加依恋熟悉的成人 · 会玩藏猫猫 · 开始会拍手 · 能认出部分隐藏的物品并寻找藏起来或掉到地上的物品 · 享受并要求他人的关注与爱	· 咿呀学语时能发出带辅音的词,比如"爸爸""妈妈" · 开始用手点指东西 · 模仿他人的声音和动作

玩耍

本年龄段婴儿应该能爬行,然后自己坐起来。要记住一件非常重要的事,那就是你不能把宝宝放在某处坐着,因为他必须先学会爬,然后才能学会坐。

如果你把这么大的婴儿放在某处坐着,周围再放一堆玩具,他就只能一直坐在那里。即使宝宝能够翻身,坐在某处或坐在座椅、秋千或学步车等任何阻止宝宝移动的物品上都会妨碍他翻身，事实上，还会对他的生长发育产生负面影响。所以，不要听信多代同堂之家里亲人的建议拿枕头支撑宝宝一直坐着。你应该让他在地上躺着并且自由翻身。他能逐渐学会用双手和膝盖支撑着身体离开地面晃动前行。之后，他就能学会独坐了。他可能会先向后挪动身体，但是最终都能学会手膝并用爬行前进。

婴儿12个月大时应该可以在家具之间爬行，也许还能站立甚至行走，但是如果家长让他一味坐着进而妨碍到正常生长发育的话，婴儿学会走路的时间就会延迟。这时，家长就会去找专业人士为孩子检查，发现自己的孩子并未达到应有的生长发育里程碑。然后，家长就开始焦虑了，并让专家们检查为何婴儿不会走路。

婴儿早期长时间坐在某处的另一个结果就是他只能"屁股蹭地"四处挪动身体。很多人认为这看起来很可爱，但事实上婴儿爬行的正确方式是四肢着地！婴儿手膝并用爬行能增强手眼协调能力、精细动作能力、平衡能力和空间意识。跳过这一重要发育阶段可能会导致婴儿错过这些生长发育过程所需的关键能力。

所以，现在你应该摒弃家人或朋友的建议，让宝宝在地上自由翻身，随心所欲地活动。看着婴儿从无助的、只能依赖他人的新生儿逐渐长成活跃的、马上就能走路能说话的12个月大的小人儿，这种感觉真是太美妙了。

我家孩子直到一岁半才会走路。很多儿科保健专家都很担心，让我带儿子去找专科医生检查。他们并未发现我儿子有何异常。我当时确实非常心烦意乱。直到有了二胎宝宝，并且有幸认识了凯瑟琳，我才知道让孩子在地上玩耍的重要性，明白了自己当初照顾塞巴斯蒂安时的问题症结。自从他5个月大时我就让他坐在地上，身边还摆了一大堆玩具。他晚上睡觉特别不安稳，但是白天却很开心一直那样坐着！

我家二胎宝宝的情形就完全不同了。他15周大时就开始翻身，6个月大会爬，11个月大能走，在他自己会坐前我从未让他坐过，因为我家已经有过前车之鉴了。

简

日间日常活动

你的宝宝现在能在早上6~7点（甚至更早）睡醒直接喝母乳或用奶瓶喝配方奶了。给他换好尿布洗洗小手小脸，如有必要还可以为他换身干净衣服，然后将他放在地上一直玩到吃早饭的时间。早餐过后，你可以将他放回地上继续玩耍或者去公园散散步。

因为现在你家宝宝在地上玩耍时更加活跃了，他可以匍匐爬行或手膝并用爬行，所有这些活动都需要定期补充摄入奶水。

如果他困倦哭闹或是已经在地上玩了大概两个小时，就要给他喝一些奶了。记住，你带着 8 个月大的婴儿外出时依然需要将喂奶和玩耍结合进行！午餐后，可以继续将喂奶和玩耍两项活动循环穿插进行。我知道我重复这些话听起来很冗赘，但是玩耍和喂食确实是关系到宝宝晚上睡眠情况的**关键所在**，而且作用真的很大！

睡眠

宝宝 8 个月大就能形成稳定的睡眠习惯了。他现在可以上下午各睡一觉。每个孩子的睡眠规律都不一样，你的宝宝可能会在上午睡 1 小时，然后在下午睡两小时，也可能在上午睡两小时而在下午睡 1 小时。

本年龄段婴儿的基本规律是至多清醒两小时之后就会睡觉。有些婴儿可以睡上 3 个小时，有些婴儿则只能清醒 90 分钟。这对每个婴儿来说都是因人而异的，所以你要具体针对自己的宝宝做出回应，找出最适合你家宝宝的规律。

在婴儿刚满 8 月龄之后的几天，可能需要在下午 4 点左右小睡半个小时，但我建议家长最好别让孩子在那时睡觉，因为只有这样他才能在晚上更容易入睡。

我一直推荐给婴儿在睡前和睡醒后喂奶。

洗澡-喂养-睡眠习惯

如果你还保持着洗澡-喂养-睡眠习惯，那么可以继续坚持下去。你家宝宝的体重现在应该已经超过8千克并且能在晚上7点上床睡觉了。因此，家长可以在晚上6点半给他洗澡之后玩一小会儿，喂他喝顿母乳或配方奶，然后再给他读个睡前故事。

婴儿年满12个月前依然建议继续沿用睡眠喂养法，在此之后就可以取消这顿夜奶了。有些婴儿可能在凌晨4点依然会醒，家长不必纠结于此，也不必尝试重新哄他入睡。简单喂他喝些母乳或配方奶就能让他接着一觉睡到6~7点，你自己则可能再多睡两三个小时。然后，新的一天就要开始了。

通常本年龄段宝宝一躺到床上就能自主翻身成俯卧姿势，然后整晚都保持这种睡姿。他不需要使用裹布或睡袋。我建议宝宝睡觉时穿着连体服，如果冬天太冷，还可以给他穿一件长袖上衣，并在连体服下多穿一双袜子为双脚保暖。成人习惯晚上睡觉时用枕头、羽绒被并且穿着很多衣物，所以我们会自认为婴儿也需要并且喜欢这些物件。其实只要你给宝宝穿着得当，他就会感觉很舒服了。

要记住，婴儿床上绝对什么都不能放，防撞围挡、玩具等一概都不能放。只需要一张结实的床垫和一条洁净且尺寸合适的床单即可。婴儿夜间会在婴儿床上来回挪动，有时还会坐起来甚至站起来。许多妈妈都认为睡袋是帮助婴儿睡觉的"睡眠工具"，但我却发现有时候会事与愿违。婴儿长到8个月后就会在夜里变得非常活跃。如果你把他放入小床，然后用婴儿监视器观察，你就会惊讶地发现他居然在婴儿床里如此辗转腾挪。他可能会坐起来，然后再躺下去。

为何宝宝的睡眠习惯会发生改变

如果宝宝的睡眠习惯发生变化，通常是由于下述其中一个原因造成的：

- 生病
- 旅行
- 安抚奶嘴
- 环境变化

为了让孩子的睡眠习惯回归正轨，你可以重新尝试被动安抚法，但是要记住：

- 如果婴儿生病了，需要他身体恢复健康后再训练。
- 你需要在家里进行训练，并且暂时不要有外出计划。
- 你需要停用安抚奶嘴（较之婴儿，安抚奶嘴通常会让家长感到更多压力）。

旅行

带孩子旅行可能是一场噩梦,但如果你足够幸运,也能处理得很完美。可以想见的是,你们登机后会吸引所有人的目光,通过他们的面部表情,你就可以看出他们的内心所想:"请别坐我旁边。"你肯定立马就会后悔自己当初嫌弃过飞机邻座的新手家长和他们的宝宝。

在飞机起飞和降落时,婴儿需要吮吸乳房或奶嘴来平衡耳膜里的压力。如果你家宝宝出行途中患了感冒,飞机开始降落时他就会尖叫哭闹。

一旦到达目的地你可能就已经后悔自己为何执意要外出了——满心欢喜地把所有东西都打包好去度假,结果宝宝却因为环境陌生而无法入睡,这简直太具有戏剧性了……但是,你不可能永远闭门不出。

何时休假及何时返回职场

根据我以往的经验,孕妇休产假的时间宜早不宜迟,这对母婴双方都有好处,但是很多妇女对我说:"我做的只是需要坐在办公桌前的文职工作而已。"可她们还得早晨起床去办公室,工作一整天之后才能回家。大多数妇女会在妊娠期 36 周或 37 周胎宝宝已经足月时才要开始休假,此时她们的身体已经非常疲劳不适了。

休产假期间，你可以趁宝宝尚未降生好好休息一下。因为你再也不会拥有这样的休息时光了，所以尽情享受吧。我建议你每天午饭后休息。现在许多电视节目都很精彩，不少节目还能收听，你可以趁机好好娱乐一下。安静一会儿或是读本书也都大有裨益。在你休息时腹中的胎儿也能好好休息一下。

重返职场对女性来说一直是件非常艰巨的事。要想重返职场需要你自己做好准备——你需要重新开始赚钱，或者你想重新开始工作并且（或者）不愿意职生涯有所中断。对于那些不愿在家全职照顾宝宝的女性来说，能在兼职工作和育儿之间找到平衡就很理想了。决定何时重归职场或者是否要回到工作岗位是你自己的选择，需要由你自己来决定。

我有3个孩子。我很爱他们，但我不想当全职妈妈，因为我不适合一直在家照顾孩子。每个孩子半岁大时我就回去全职上班了。我把他们送到了幼儿园，我父母也帮了不少忙。重新回去上班一直令我感觉更好更开心，过去如此，现在也是如此。我知道别人的情况不一定是这样，但我确实如此。很多人对我议论纷纷（大多数是负面评价），比如："你怎么忍心离开宝宝？"当我在大宝年满半岁重返职场时，别人的议论确实让我觉得很伤心，但我知道我是一位快乐的好妈妈，而且我的孩子们也很健康很快乐。

斯蒂芬妮

幼儿园

选择幼儿园真的很困难。幸运的是我儿子拉克伦幼年时得到了外祖父母的照顾，方便我更容易回去工作。在他和我父母共度的那几年，他学到了很多东西，而且坐了很多次火车、电车和公共汽车，比我带他坐过的次数多多了。现在他已经成年了，外祖父母照顾他的时光成了美好的回忆。

拉克伦3岁时被我送到了市政服务机构经营的家庭式日托。那里很棒，很幸运的是能有一些出色的妇女在家一般的环境下照顾着他。

妈妈工作时把孩子放在幼儿园让别人照顾确实容易让她们产生压力——嗯，我就觉得很有压力。但是工作一天之后，我很欢喜地回到家里，脱掉工作服，做晚餐，然后听我儿子讲述他白天发生的事。我很享受做母亲的过程。

现在有很多幼儿园可供选择。

- 在宝宝出生前调查一下你家附近或工作地点附近的托儿中心。大多数中心要排很久队才能入托。
- 也可以去看看家庭式日托，即地方市政服务机构提供的家庭式托儿服务。
- 如果你在经济上负担得起，可以和另一位妈妈或另外一个家庭共同雇用一个保姆。

> · 你可以和另一半分担照顾孩子的责任,并且(或者)在某些日子请宝宝的祖父母(外祖父母)帮忙照顾。

选择托儿方式时最为关键的要点

无论你选择何种托儿方式,都应该高兴能有人照顾你家孩子。在你家雇用保姆之前,请先咨询一下推荐人。理想情况下,亲自见一下给保姆写推荐评语的人,因为你就要将宝贝托付给一个你可能一无所知的人来照顾了。

如果有具体特殊的育儿要求,请告诉宝宝的照看人。比如,告诉保姆你家宝宝一天的日常活动习惯,而不要让保姆主宰宝宝在一天之内应该干什么。

一定要确保照顾你家孩子的照看人通过了与儿童看护及教育有关工作的测试[1],并持有澳大利亚无犯罪记录证明。这是在澳大利亚全境内从事相关工作的一项规定,但是儿童保育工作者不能搬到他省却使用原来的认证文件——他们需要在目前工作的省份重新通过与儿童看护及教育有关工作的测试。

---

1. 根据澳大利亚政府的相关规定,凡从事幼教和幼儿看护相关工作的人员都必须持有儿童早教及看护三级证书。从业人员除了必须经过专业培训之外,还需要同时接受与儿童看护及教育有关工作的测试和要求的各项检查,包括体检、心理测评等。

第十一章

出生第十月至一岁

婴儿喂养

乳汁

婴儿马上就要12个月大了,这期间发生了很多变化。本阶段宝宝仍然会喝母乳和(或)配方奶粉。等他接近11个半月大时,你就可以为他从配方奶过渡到喝全脂牛奶了。

如果你的宝宝没喝过任何配方奶而且只用鸭嘴杯喝水的话,就每天至少给他喝3杯牛奶。本阶段婴儿会在上午吃谷物类食品时加上牛奶,还有酸奶、奶酪、蛋奶糊,甚至在白天吃一些冰淇淋。

如果他喝的是配方奶,可以慢慢将其换成全脂牛奶。你需要在几周内给宝宝喝少量的全脂牛奶,这样他就可以适应牛奶了,最重要的是,可以让孩子习惯牛奶的味道。我们希望他喜欢牛奶,所以我们需要慢慢让他接受牛奶。如果你给他喝一整杯全脂牛奶,他可能会发生乳糖不耐受进而引起腹泻。要使婴儿正确过渡到喝全脂牛奶，请按照下面描述的步骤进行操作。

如何从配方奶过渡到全脂牛奶

用鸭嘴杯喂宝宝喝奶，但要按照以下方法调整配方奶与牛奶的比例。如果婴儿在任何时候出现腹泻、呕吐、皮疹或拒绝吃奶的情况，请倒退回上一个步骤，一连4天给他少喂牛奶，然后重新开始。

1. 喂宝宝喝100毫升配方奶和20毫升牛奶。
2. 两天后，喂宝宝喝80毫升配方奶和40毫升牛奶。
3. 两天后，喂宝宝喝60毫升配方奶和60毫升牛奶。
4. 两天后，喂宝宝喝40毫升配方奶和80毫升牛奶。
5. 两天后，喂宝宝喝20毫升配方奶和100毫升牛奶。
6. 两天后，只喂宝宝喝牛奶。

通过这种方式，你可以逐渐将配方奶改为牛奶，让宝宝有机会适应这种新口味。设想一下，如果我让你喝一瓶配方奶，你不可能马上喜欢这种味道和口感。只要你逐渐将配方奶换掉，你的宝宝就会很愿意喝牛奶了。

继续每天给他喝3次牛奶，外加上奶酪和蛋奶糊。

如何从纯母乳过渡到全脂牛奶

同样的办法也适用于从母乳过渡到喝全脂牛奶。如果你的宝宝因此出现呕吐、腹泻或皮疹等不良反应，同样也应该倒退回上一个步骤，一连4天给他少喂牛奶，然后重新开始，慢慢过渡。如果他在过去12个月里没喝过任何配方奶粉,此刻就没必要再给他喝了。

1. 用鸭嘴杯喂宝宝喝 100 毫升水和 20 毫升牛奶。
2. 两天后,喂宝宝喝 80 毫升水和 40 毫升牛奶。
3. 两天后,喂宝宝喝 60 毫升水和 60 毫升牛奶。
4. 两天后,喂宝宝喝 40 毫升水和 80 毫升牛奶。
5. 两天后,喂宝宝喝 20 毫升水和 100 毫升牛奶。
6. 两天后,宝宝就准备好完全喝牛奶了。

慢慢地让婴儿从喝母乳过渡到喝牛奶的好处是他会喜欢上牛奶,而且我们也希望他在幼年多喝些牛奶。当然,你也可以继续母乳喂养,同时给他喝些牛奶。

用鸭嘴杯替代奶瓶

婴儿大约10个月大应该在饭后用鸭嘴杯饮水。婴儿长到12个月大左右就应该让他用鸭嘴杯代替奶瓶了。

我总会建议家长在婴儿长到12个月左右时往日历上圈注出婴儿成长的很多变化,其中之一就是他可以不用奶瓶了。我发现,如果家长不让婴儿在12个月大时戒用奶瓶,他到2岁、3岁,甚至4岁时就可能仍然要用奶瓶。婴儿不需要再用奶瓶了,用鸭嘴杯或吸管杯即可。

很多家长不愿意让婴儿戒用奶瓶,认为这对宝宝是一种安慰,而且婴儿也喜欢用奶瓶喝东西。如果婴儿继续使用奶瓶也并非无可救药,但是如果他在睡前用奶瓶喝奶又不清洁牙齿的话,牛奶中的乳糖就有可能损坏他的牙龈和乳牙。

辅食

随着宝宝的年龄不断接近 12 个月,你提供给他的食物种类和数量可以不断增加。年满 1 周岁时,他就可以食用许多家常食物了,食物质地也能从泥糊或捣碎的细末逐渐变成切碎的小块。你应该为他提供大多数家庭成员都在吃的食物,让他尝试红肉和鸡肉之类需要咀嚼的食物。到目前为止,他应该已经吃过各种水果和蔬菜了。

12 个月大的婴儿可以食用各种家常食物,除非他对某些食物过敏。家长要确保孩子吃到足够多的水果、蔬菜、豆类、面食,以及麦片、大米和其他谷物。

重要的是一定不要让孩子在焦虑的氛围下进食晚餐。虽然前文提到过,但是我在此再次重申,要让婴儿坐在高脚椅上。一直让孩子系着安全带坐在高脚椅上可以帮助他理解坐着吃东西意味着吃饭时间到了。当然也有例外,有些孩子在 10~12 个月大时完全不吃辅食,这会让他们的父母非常焦虑,进而将这种焦虑情绪转嫁到婴儿身上。

拒绝吃饭的孩子

如果你的孩子拒绝吃东西,我建议你不要在他周围手舞足蹈或是打开电视分散他的注意力来确保他吃东西，这些都不是好的做法。你的孩子不会挨饿的。孩子们都既聪明又敏感，他们知道自己何时需要吃什么以及想要吃什么。正如我先前所说的，你的宝宝不需要美食食谱，他真正需要的是优质干净的食物，你只需静静坐在他身旁用勺子喂他或是让他用手指捏着东西吃即可。随着孩子年龄不断增加及大脑不断发育，他早晚都能学会餐桌礼仪，所以如果宝宝吃饭时搞得一团糟也不要过于苦恼。

生长发育

12月龄

大动作	精细动作
·开始扶着家具站立或挪动 ·开始在没有帮助的情况下站立 ·可能会迈出人生中的头几步	·把两个物体碰撞到一起 ·把物品放入容器内并能从容器内将物品取出 ·用食指点指
社交能力	沟通能力
·更加害怕陌生人 ·有最喜欢的事物和人 ·伸出手臂或伸腿配合穿衣 ·用哭以外的方式表达需求和愿望	·开始使用简单的手势，比如用摇头表示"不"或者挥手告别 ·发出不同音调的声音 ·说"妈妈"和"爸爸"时更有意义 ·开始模仿别人对他说话的声音 ·开始理解简单的指令 ·开始理解"不"的含义

玩耍

婴儿长到10~12个月大时很好玩，互动性很强而且很爱做游戏！婴儿对有趣的事情永远都乐此不疲。

本年龄段婴儿喜爱的活动

睡前故事必不可少，因为婴儿都喜欢听故事，而且经常还有一本自己最喜欢的书。相信我，你会一遍又一遍地把这本书读给他听，而他则会重演并记住故事的某些部分。一页上只讲述一件物品的低幼童书，比如"A代表苹果"，"B代表瓶子"，"C代表猫"都是刚开始给宝宝读书的较好选择。这类书都很简单。记住，你的孩子在这个年龄还不能很好地集中注意力。

他喜欢用积木搭高楼并把它们弄倒，因为发育到现阶段他已经可以爬行和独坐了。他还喜欢玩藏猫猫以及任何能够带来乐趣的游戏。

记住，你不必一直跟宝宝玩同一个游戏，就像给婴儿挠痒痒一样，一直给他挠痒痒会让他觉得很厌烦。虽然挠一两下很好玩，但是过犹不及。如果你看到朋友或家人一直给你的宝宝挠痒痒而且这令宝宝感到很不舒服，记住你要替宝宝做主并且对那个人说："挠几下就够了，换个别的游戏玩吧，这样宝宝才会觉得好玩哦。"你们可以玩"咯叽咯叽挠痒痒"，但是如果你一直跟婴儿这样玩，他确实会觉得很厌烦并且开始不理睬你。当他转身或开始哭闹时，就说明他想要停止这个游戏了。所以，和婴儿做游戏要迅速、简短并且花样繁多。

本年龄段婴儿喜欢跳舞，通常是由你架着宝宝的腋下让他站住并弯曲膝盖随着音乐扭动。

此处有个安全警告：千万不要拉着婴儿的手来回摇晃他或直接将他拉起来。这种做法只适用于5岁及以上的儿童，因为这样很容易导致手腕和肘部错位，给婴儿造成严重的痛感，需要医生把孩子的肘部或手腕复位。如果你看到孩子和家人玩耍时被人拉着手甩来甩去，就一定要坦白告诉家人不要这样做。记住，你要替自己的孩子说话。

婴儿也喜欢把玩具放在盒子里，然后再把它们拿出来。但对他们来说，没有什么比从纸巾盒中把纸巾全部一张张抽出来更令人兴奋的了。玩这个游戏的后患就是你得把所有的纸巾都捡起来！如果你嫌麻烦，可以买些便宜的手帕放进空纸巾盒。等宝宝把它们抽出来后你可以再放回去，这样就不用弄得满屋都是纸巾了。

攀爬

有些孩子能攀爬，而且很早就开始了。他们会爬上椅子、桌子、床、沙发，每样东西都能爬上去。而且，这还仅仅是在屋里，外面的公园和游乐场还有专门为儿童准备的攀爬设施。如果你家孩子是个"攀爬能手"，他6岁前可能就会经常在公园和游乐场出没了。不只是男孩，有些女孩也很擅长攀爬，我们经常能发现孩子爬上桌子手舞足蹈或蹦蹦跳跳！

孩子们攀爬是为了好玩、探索、够玩具，以及从不同的视角来观察生活。本年龄段孩子天生热衷攀爬，而且还没有危险意识，根本不知道害怕。当然，这会给家长带来无限的恐惧，但只要你常伴孩子左右，让他处于安全区域并且时刻盯好他的话，攀爬就是一项很好的活动，事实上，它是孩子健康发育和学习进步所需的一项重要的学习技能。攀爬技能从婴儿出生伊始就开始形成了，你的宝宝做趴卧练习时会将头左右移动，进而学会让头和肩膀离地向上看以及环顾四周。一旦他学会从仰卧翻身变成俯卧，然后再从俯卧翻回仰卧后，就开启了大自然为他设计的发育进程。

但是，在孩子开始考虑攀爬前，需要具备一定的发展技能。他得先把身体向后挪动才能向前爬行。

婴儿需要手膝并用地爬行几百小时才能自己撑起身子离地并扶着家具站立挪动。一旦他能四处挪动，就能获得信心和动力，然后，有一天，他就能独自站立了。只见他会双腿分开，双臂张开，完美地控制好平衡。

一旦他能自信地站住就能开始向前迈出令人兴奋的步伐，实际上他一次只能迈出一步。虽然宝宝一路上可能会跌跌撞撞地摔倒很多次，但是最好让他按照他自己的步调学习走路，不要给他手推车一类的东西作为助力。你的宝宝需要所有这些技能来攀爬、探索和观察世界，进而满足他的好奇心。

我女儿10个月大时可以一次独自站立几秒钟，还能一路兴奋尖叫着顺利爬上楼梯。没过多久，她就能开始攀爬了，很明显，我们必须把楼梯顶部和底部的安全门移开，否则她就有可能发生可怕的事故。她当年可是

> 一个活跃异常、满心好奇且热爱冒险的婴儿,都不能让她离开家长的视线范围。
>
> 艾丽丝

睡眠

白天

本阶段直至 12 个月后宝宝的睡眠情况并无太大变化。我认为婴儿在早餐和玩耍后应该清醒两小时,之后接着睡觉。当然,有些婴儿能够清醒 3 个小时,而其他婴儿则只能保持一个半小时的非睡眠状态。所以,你要决定孩子应该如何保持清醒并且玩耍。不要严格掐着时间执行固定的程式,因为这样做只会给你和宝宝带来压力。如果有几天外出时,孩子在你开车时打盹了……也没关系,主要目的是要让你们母婴二人都能感到幸福和快乐。

晚上

理想情况下,本年龄段宝宝应该可以(从晚上 6 点到第二天早晨 6 点)彻夜安眠了。如果你家 10~12 个月大的宝宝经常起夜,或者跟家长同睡一张床(在某些时刻,我们大多数人都会和孩子们睡在一起),我建议你趁着你们母婴二人都未缺觉前就采取一些行动。帮助本年龄段孩子重新入睡的最便捷最有效的最佳方法便是被动安抚法。

洗澡－喂养－睡眠习惯

本年龄段婴儿的洗澡－喂养－睡眠习惯已经算是训练完成了。

大约晚上五点半晚饭过后,你就可以喂婴儿喝最后一顿奶,然后给他刷牙、洗澡、读几个故事并把他抱回床上准备睡觉了。

有时,有些婴儿仍然要用睡眠喂养法喝夜奶,但如果婴儿的体重令人满意,并且他在白天喝了足够多的牛奶,就不用再喝夜奶了。

所以,洗澡－喂养－睡眠习惯可以结束了。这种习惯始于你出院回家的第一晚,由你(或你的另一半)在晚上10点给刚出生的宝宝洗澡。希望你们非常享受孩子生命之初第一年里与他一起共度的这段岁月,与这个小家伙建立了亲密无间的亲子关系,并且彼此之间还分享了无尽的爱。

洗澡习惯将在孩子的童年一直延续下去,但是没有什么比宝宝出生前12个月给他洗澡、包裹布、喂母乳或用奶瓶喂奶并将他安全放到床上睡觉更特殊的经历了。等孩子长大成人后,你可以把这些经历讲给他听,待他为人父母时也可能会为自己的孩子做同样的事情。

鞋子

大多数孩子通常在12个月左右时都能行走。他们开始在家具之间挪动,接着独自站立,然后行走。对于学习走路的婴儿来说,最好让他们先光脚走路,接着穿上较软的鞋子,最后,等他们会走几个月后再为他们穿上合脚的鞋子。你可以买鞋底摩擦力较强的软鞋。

一定要到大商场让经验丰富的售鞋人员为你家孩子量好此生所穿的第一双鞋的尺寸。鞋子应该轻便灵活，建议穿系带鞋。本年龄段孩子长得很快，所以你不需要买商店里最贵的鞋。最重要的是鞋子必须让孩子穿着合脚。

吮吸大拇指和安抚奶嘴

对一些婴儿来说，吮吸大拇指很正常。不是所有的孩子都会吮吸拇指，但那些吮吸拇指的孩子通常是为了寻求安慰。这样可以让他们感到安全快乐，而且是无害的。

幼儿也可能会吮吸手指进行自我安抚，并且帮助他们入睡。大多数父母担心吃手会影响牙齿，而且如果孩子用力吸吮大拇指时抵着上腭，就可能导致一些问题。等恒牙萌出后还可能会影响到口腔颌面生长发育和牙齿排列。

安抚奶嘴的效果和吃拇指一样，但很容易戒除。我发现其实是**家长**很难戒用安抚奶嘴，因为他们可能太过依赖安抚奶嘴来安慰宝宝，所以事后不愿意弃用。只要父母给孩子使用安抚奶嘴，他就会继续吮吸下去，甚至会对安抚奶嘴产生依恋情绪。我的建议是在婴儿6个月大时就放弃使用它。如果进行被动安抚法训练的话，我建议同时戒掉安抚奶嘴。不管怎样清洁处理，安抚奶嘴可能都无法十分干净，而且可能会导致婴儿的耳朵和喉咙感染。

电视、电脑和智能手机

在当今这个科技占据日常生活重要地位的时代——从互联网和电视机到平板电脑和智能手机，从流媒体音乐到电视服务——我们需要解决好如何让孩子使用这些科技产品的问题。令我惊讶的是，12个月大的婴儿竟然能划开智能手机，弄对密码，然后找到他们最喜欢的应用程序！

尽管这些设备都很智能，但是把它们交到孩子手中还是存在风险的。我相信任何设备只要使用适度都无伤大雅，但是家长们正在把智能手机和平板电脑当成育儿工具。我是从小看着电视长大的，放学后我们就会收看儿童节目，这很有趣，但事后看来，有些节目可能过于暴力。现如今，网上可供访问的信息真的很令人不安，对于孩子们而言更是如此。好消息是手机有屏幕锁和家长控制工具，可以对孩子访问的内容加以限制。

当然，这些设备在我们生活中占有一席之地；当你想放松或是在旅行途中，用平板电脑、台式机或手机看电影都是很好的消遣。但是它们也容易让人用起来上瘾，而且不应该把孩子丢给这些设备"照看"。

设置限制的重要性

要确保孩子只能在规定时间内使用智能手机或平板电脑，需要家长颇费周章地为其设定时限，因为不让看时他们会大声尖叫抗议。当他们想要某物的时候，**真的**可以叫得很大声。

作为家长，我们不想听到孩子哭闹或尖叫，所以常常会屈服妥协。但是家长就范后，孩子的目的就达到了，但这只是简单的饮鸩止渴。你可以设定使用限制并对孩子说："'不可以'就是'绝对不行'的意思，你一直央求，我也不可能'同意'。"让幼儿学习这些规则非常重要，这些限定将在他的头脑里固化下来，等他长到十几岁时仍然适用。

如果你的孩子尖叫并且发脾气要用你的智能手机或平板电脑时，你可以做三件事：一是立即给他，二是任由他尖叫或分散他的注意力，三是给他其他东西。我建议分散孩子的注意力，因为本年龄段的孩子还很小，尚不能理解自己真正想要的到底是什么。

管教子女

打骂式"管教"非常糟糕！

等你有孩子后就会变得很累很忙。通常你会因为自己对待孩子的方式而感到后悔内疚。没有一个单亲家长在管束顽劣孩子时不感到些许困惑的。50~60年前，孩子们不仅要受到父母的责罚，还经常要受到学校老师的责罚。

家长往往会在盛怒之下或情绪沮丧时打骂孩子。这样做无法教会孩子宽容，也不能教会他们如何在今后的生活中应对挑战。如果你通过打骂孩子泄气，我可以告诉你，等他们上学受挫后肯定首先会选择殴打他人泄愤。这种行为在社会上是不被接受的——你会发现自己的孩子日后会在学校和他的余生中出现很多问题。

表扬良好行为而忽视不良行为

有些父母根本不想管教自己的孩子，因为他们想避免发生冲突，不想让自己的孩子因为他们而大为光火。我们需要找到一种平衡，既不提倡责罚打骂孩子，也不能让他做出伤害自己和他人的行为。我的办法是"表扬良好行为而忽视不良行为"。在忽视孩子的不良行为时一定要确保孩子的安全。

根据孩子的行为给他设定限制时，必须符合孩子自身的年龄和发育能力。10~12个月大的婴儿还没有是非对错观念，所以在他发脾气时和他讲道理根本没用。父母要有极大的耐心，对待这个年龄段的孩子尤其如此。往乐观的一面看，孩子大约到4岁时就能"变乖"了！往悲观的一面看，父母这辈子都要付出艰苦的努力。但是，如果你在孩子幼年时对其努力管束，相信我，日后他肯定能长成通情达理的青少年，而且还可能非常听话。

随着孩子不断达到不同的生长发育里程碑，他们的大脑也在快速发育，得以应付特定年龄段的需求和压力。因此，正如12个月大的孩子不会开车一样，他目前还不具备理解一系列复杂技能的能力，因此我们必须注意到10~12个月大的婴儿在决策能力、行为能力和与别的孩子玩耍的能力上还很有限。我们为人父母应该亦师亦长。家长的处事观和行为方式就是孩子日后如何发展并形成世界观的范本。因此，在孩子早期的社交和情感技能的发展过程中，我们必须发挥重要而坚定的作用。

仅仅通过你的说话音调或面部表情，新生儿就能理解你的意思并对你因他做出的反应体察入微。因此，多和宝宝聊天，不论他是3个月大、4个月大、10个月大还是1岁大的宝宝，你只管跟他倾心交谈就好。即使你想说"我今天过得糟透了，育儿工作已经让我受够了"，也要用积极而充满关爱的态度和宝宝讲话。我理解这样做很困难，因为我也曾经亲身经历过这些！我在冰箱门上贴了一些励志的话，当我感到疲倦沮丧时，就会看着这些话来激励自己用积极的态度说话。我经常会说"你做得多好"之类的话，而不是说"别这样做"。婴儿会通过你说话的音调和面部表情进行学习，所以早期积极的育儿态度和处事观**至关重要**。

家长不必成为早期儿童发育的专业行家就能做好父母，但是博识有助于我们更有效地确保孩子习得自身所需的适当经验，进而发挥他的潜力。你需要了解自己孩子的能力发展情况，这将帮助你在育儿过程中保持积极的态度，当然也会帮助你与自己的孩子以一种更快乐、更积极的方式进行互动。

如果你不了解自家孩子的发育状况，可能就会奢望10~12个月大的婴儿理解复杂的问题，而且一旦他的表现不符合你的期望值，你就会对他不耐烦并且生气，然后进行不恰当的惩罚。你的孩子其实根本不知道他做错了什么。**关键是家长要有耐心。**

每个孩子都是人格独立的个体,不是任何人的替身。他有权在行动、探索和熟悉纷繁复杂世界的过程中得到爱与关怀。作为父母,我们必须站在他的身边握紧他的双手,保护着他,教会他关于生活的一切。

图书在版编目（CIP）数据

新手家长轻松育儿百科：0-1岁 /(澳) 凯瑟琳·柯廷著；高晶译. -- 北京：中国友谊出版公司, 2020.11
ISBN 978-7-5057-4890-3

Ⅰ.①新… Ⅱ.①凯… ②高… Ⅲ.①婴幼儿 - 哺育 Ⅳ.①TS976.31

中国版本图书馆CIP数据核字（2020）第205820号

著作权合同登记号　图字：01-2019-3922　01-2019-3921

THE FIRST SIX WEEKS by Midwife Cath
Copyright © Cathryn Curtin 2016
First published in 2016 by Allen & Unwin Pty Ltd, Sydney, Australia
AFTER THE FIRST SIX WEEKS by Midwife Cath
Copyright © Cathryn Curtin 2018
First published in 2018 by Allen & Unwin Pty Ltd, Sydney, Australia
Published by arrangement with Allen & Unwin Pty Ltd, Sydney, Australia
through Bardon-Chinese Media Agency
Simplified Chinese translation copyright © 2020
by Beijing Mediatime Books Co., Ltd.
ALL RIGHTS RESERVED

书名	新手家长轻松育儿百科：0-1 岁
作者	［澳］凯瑟琳·柯廷
译者	高　晶
出版	中国友谊出版公司
发行	中国友谊出版公司
经销	北京时代华语国际传媒股份有限公司　010-83670231
印刷	北京盛通印刷股份有限公司
规格	880×1230 毫米　32 开 13.25 印张　270 千字
版次	2020 年 11 月第 1 版
印次	2020 年 11 月第 1 次印刷
书号	ISBN 978-7-5057-4890-3
定价	78.00 元
地址	北京市朝阳区西坝河南里 17 号楼
邮编	100028
电话	（010）64678009